矿工习惯性违章行为管理

KUANGGONG XIGUANXING
WEIZHANG XINGWEI GUANLI

牛莉霞　李鑫　李国　著

化学工业出版社

·北京·

内 容 简 介

本书以高危岗位矿工为研究对象，对其习惯性违章行为的形成演化机理和治理进行了介绍。本书面向行为建模与仿真用户，重点介绍习惯性违章行为的特征分析方法、耦合关系分析的数据挖掘方法、影响机理的统计建模方法、演化机理的动力学建模方法及其治理方法等内容。

本书可供煤矿安全管理人员参考，还可供相关领域安全管理系统建模科研人员、学者使用。

图书在版编目（CIP）数据

矿工习惯性违章行为管理/牛莉霞，李鑫，李国著. —北京：化学工业出版社，2021.7
ISBN 978-7-122-39068-4

Ⅰ.①矿… Ⅱ.①牛… ②李… ③李… Ⅲ.①矿山安全-安全管理-研究 Ⅳ.①TD7

中国版本图书馆 CIP 数据核字（2021）第 080940 号

责任编辑：张　赛　　　　　　　装帧设计：王晓宇
责任校对：宋　玮

出版发行：化学工业出版社（北京市东城区青年湖南街 13 号　邮政编码 100011）
印　　装：北京捷迅佳彩印刷有限公司
710mm×1000mm　1/16　印张 9　字数 136 千字　　2021 年 6 月北京第 1 版第 1 次印刷

购书咨询：010-64518888　　　　　售后服务：010-64518899
网　　址：http://www.cip.com.cn
凡购买本书，如有缺损质量问题，本社销售中心负责调换。

定　　价：68.00 元　　　　　　　　　　　　　　　版权所有　违者必究

前言

煤炭作为我国的主要能源，在我国经济与社会发展中具有不可替代的作用。但是煤炭赋存条件复杂，开采生产环境恶劣，使得煤矿开采成为我国工矿商贸企业中安全风险较高的行业之一。多年研究数据表明，矿山安全事故多为违章作业所致，而违章作业现象中有不少是习惯性违章。在生产过程中，习惯性违章是人的不安全行为所导致的各类事故的罪魁祸首，事故统计表明 70%～80% 的人为误操作事故都与习惯性违章有直接联系，它是导致人身伤亡的重要隐患，严重危及企业生产经营的正常运行。目前国内外对习惯性违章行为的治理取得了一些成果，但缺乏系统性和整体性，同时缺乏系统的对习惯性违章行为的过程改变和效果维持方法。

根据安全行为科学理论，人的安全行为是复杂和动态的，具有多样性、计划性、目的性和可塑性，并受安全意识水平的调节。习惯性违章是人的典型不安全行为之一，指那些违反安全操作规程或有章不循，坚持、固守不良作业方式和工作习惯的行为。习惯性违章行为是经过一个过程形成的定型性行为，其形成是一个多因素复杂交互的动态过程。

本书结合笔者多年来的系列研究成果，以煤矿高危岗位矿工为例，探索其习惯性违章行为的特征和耦合关联模型，研究习惯性违章行为的属性特征和空间分布特征；从静态角度构建习惯性违章行为影响因素模型，并验证模型；从动态角度构建其形成演化的系统动力学模型，并进行仿真实验，总结其演化规律；根据动态形成演化机理，明确习惯性违章行为的治理机制，并提出针对性的治理和保障措施。

分工方面，牛莉霞负责第 1 章至第 4 章，以及第 7 章的编写，李鑫负责第 5 章的编写，李国负责第 6 章的编写，李乃文教授对全书进行了审阅，刘洁和刘勇对全书进行了校对。在此表示感谢。

　　本书的出版得到国家自然科学基金项目（51504126）、辽宁省社科规划项目（L20BGL030）、辽宁省教育厅项目（LJ2020JCW002）、辽宁工程技术大学青年教师提升计划项目、教育部人文社科项目（19YJA630038）、辽宁工程技术大学学科创新团队项目（LNTU20TD-04、 LNTU20TD-29）的支持，特表殷切谢意。

　　本书对习惯性违章行为问题进行了较为全面系统的研究，成果对于丰富安全管理理论、完善评价体系具有深远的理论和现实意义。但由于时间和作者水平等诸多条件限制，本书难免存在局限性，实证研究方面也仅局限于几个煤矿，下一步需要在多个煤矿进行推广研究。另外，目前的研究多针对个体心理过程，缺少对群体心理过程的深入研究，这些不足将在后续研究中继续深入、充实并完善。

作者

2021 年 3 月

目录

3

习惯性违章行为耦合关联特征分析

4

习惯性违章行为形成机理分析

5

073

习惯性违章行为演化机理分析

6

习惯性违章行为治理

7

结论与展望

1

绪 论

1.1
研究背景与研究问题

近年来，随着国家和煤矿企业对安全生产投入力度加大，各煤矿防御自然灾害能力有所提高，安全制度和作业标准也不断完善，安全形势日趋好转，但重特大事故仍时有发生，其中瓦斯事故占 30%。尽管 2020 年未发生重特大瓦斯事故，但 2002～2019 年的数据显示，煤矿瓦斯事故死亡人数占煤矿事故全部死亡人数的约 1/3[1~4]。因其波及面广、伤害力大，防治瓦斯事故已成为行业安全管理的重中之重。

分析近十年的瓦斯事故案例，发现约 80% 的瓦斯事故与作业人员"规程性、纪律性、技术性"违章有关，其中超过 40% 的事故是由瓦斯检查员（以下简称高危岗位矿工）违章操作直接或间接造成，如 2008 年沈阳市法库县柏家沟煤矿"8·18"重大瓦斯爆炸事故的主要原因包括：高危岗位矿工不按规定携带便携式甲烷检测仪、交接班时段内作业场所空岗、没有严格执行"一炮三检"等。

调查发现，高危岗位矿工的这些违章行为大多出现频次较高，事故发生前是按思维习惯做出行为决策，并未意识到其后果的危害性。它是高危岗位矿工偶发性有意或无意违章行为，在没有被及时发现和得到矫正情况下，被"复制、模仿"，长期形成的习惯性违章行为（Habitual Violation

Behavior，HVB）。因其隐蔽性和易忽视性，常在安全监管盲区及自身安全警惕性下降时出现，成为安全管理难以有效克服的人误因素。它不仅影响高危岗位矿工行为认知决策过程，而且影响煤矿组织安全功能，成为煤矿安全稳定时期的重要隐患。高危岗位矿工习惯性违章行为并不必然导致事故，但从事故回溯看，它确实造成过事故，所以必须对其进行防控。目前，企业界通过完善监管制度和操作标准来消除习惯性违章行为，可起到一定控制作用，但强调服从和惩罚的管理方式，无法建立治理的长效机制。

本书立足阜新矿业（集团）有限责任公司（简称阜矿集团）实际情况进行相关研究，以期探究高危岗位矿工习惯性违章行为演化机理并探索有针对性的治理措施。研究高危岗位矿工习惯性违章行为问题具有深远的理论和现实意义。

（1）理论意义

① 将习惯性违章行为定量化地复合多层辨识和多期混合多属性评价方法，丰富了安全行为理论和方法。

② 将习惯性违章行为影响因素静态分析和动态仿真模拟的结合，拓宽了行为管理分析思路。

③ 在行为安全领域实施习惯性违章行为仿真实验，丰富了行为惯性治理理论和方法研究。

（2）现实意义

① 对高危岗位矿工习惯性违章行为问题的研究，为煤矿企业辨识和修正不良行为习惯提供了建议和导向。

② 对高危岗位矿工习惯性违章行为的研究可以提高整个组织对隐蔽性不良行为习惯的重视、排查和矫正力度，降低隐患指数。

③ 通过分析作业环境、管理模式和高危岗位矿工自身因素对习惯性违章行为的影响，为煤矿企业提出了有针对性的习惯性违章行为治理措施。

1.2
国内外研究现状

Cyert 在 20 世纪 60 年代提出企业中存在各种形式的惯性行为[5]。作为一种惯性行为，习惯性违章行为自 20 世纪 80 年代被提出后，直到 2005 年以后关于它的研究才逐渐增多。目前直接针对煤矿特定工种习惯性违章行为进行系统研究的文献较少，大多研究从定性层面分析其心理状态、影响因素和干预措施。本节通过文献综述研究，首先要明确研究对象，对习惯性违章行为的内涵、理论基础、形成机理进行探讨；其次，对习惯性违章行为影响因素进行归纳分类，从高危岗位矿工自身、作业环境和组织管理三方面分别进行分析；最后，对习惯性违章行为的治理研究进行了总结。

1.2.1 习惯性违章行为与不安全行为、故意违章行为的关系

行为心理学研究认为，人大约 95％的行为都是习惯性的。实验结果显示：一种行为重复 3 周以上就会形成习惯，重复 3 个月以上就会形成稳定的习惯，这种习惯通常表现出规律的周期性[6]。习惯的主体是个人，是其有意识或无意识形成的与生活生产相关的固定模式做法，影响着个人的注意惯性、认知惯性、思维惯性和行为惯性等[7]。

习惯性违章行为是违章行为重复发生逐渐形成的，二者之间存在一个演化的过程，在这个过程中，个体的行为认知决策相关属性也发生着变化。

（1）习惯性违章行为和不安全行为、故意违章行为　近些年，企业界和学术界关于不安全行为和故意违章行为的研究成果较多[8~12]，而从系统角度量化研究习惯性违章行为的较少。对习惯性违章行为和煤矿安全管理研究中各类行为间关系的研究更少，下文将结合文献重点介绍各种行为内涵及它们间的逻辑关系。

在上述的各种行为中，不安全行为的概念最广。关于不安全行为的内涵，国内外尚未统一。综合文献，不安全行为从狭义上来说指可能直接导致（煤矿）安全事故的员工行为，如作业人员的违章行为等；从广义上来说指可能直接或间接导致（煤矿）安全事故的员工行为，如管理失误等。和不安全行为相似的有人因失误，大多学派在研究生产过程中人的行为模式时，将人因失误和不安全行为视为同一概念[13]。

根据行为产生时主体的意识形态，不安全行为分为有意和无意两种。有意不安全行为是员工明知故犯，如错误和故意违章行为，这种行为主要受员工安全认知、安全意识和安全责任感影响。无意不安全行为是在员工不知其行为违反相关安全规定或生理性缺陷条件下产生的行为，是潜意识的一种行为选择，如遗忘和疏忽行为，这种行为主要受员工思维习惯和行为习惯等因素影响[14,15]，在主体意识到后果危害性时，通常会被及时矫正。

故意违章行为属于有意的不安全行为，它的主要特征是受利益驱动的冒险，这种行为的发生主要由于主体对安全风险的可能性和严重性估计不当，心存侥幸。

习惯是过去行为演化的结果。习惯性违章行为是在生产作业过程中某些不安全行为没有及时被发现和矫正，在实践中反复出现而固定化或程式化的一种不良行为习惯或方式。从个体和群体行为模式的形成演化来看，习惯性违章行为正是有意不安全行为和无意不安全行为在管理失效情况下稳定形成的一种不易被发现的行为习惯，包括注意惯性、认知惯性、思维惯性和行为惯性。图1-1展示了研究中各种行为的逻辑关系。

以往研究对不安全行为和故意违章行为都提出了相应的干预措施，并从传统的制度建设发展到行为训练，但对其习惯的研究较少。对安全生产周期长的煤矿来说，员工更易对过往不良行为习惯产生麻痹和忽视，尽管上到国家、下到煤矿管理者，一再强调和重视煤矿安全管理问题，但煤矿事故仍时有发生。尤其是瓦斯事故，一旦发生，将给煤矿系统内外的主体均带来巨大损失。近些年的研究在煤矿瓦斯治理技术方面取得了很大进步[16]，但不管机械化作业程度多高，作业标准多规范，只要在整个作业流程中有人的参与，就可能存在安全隐患。因此，研究瓦斯检查员作业中存在的习惯性违章行为可以从一定程度上防控瓦斯事故发生。

习惯性违章行为具有一定的过程性，通过一定的行为方式表现，在这种简单的行为表象背后又有极其复杂的行为认知决策，因此要治理这种习惯，就需要先探究其表现形式和形成过程。

（2）习惯性违章行为理论与机理 习惯性违章行为包含两方面内容，一是习惯性的行为方式与主体的某些需要有直接的关系，如生理疲劳的减轻；二是习惯性的行为方式是经过反复出现，最终固化了的行为模式[17]。

在安全工程领域研究中，主要从行为学、心理学方面研究人的习惯性

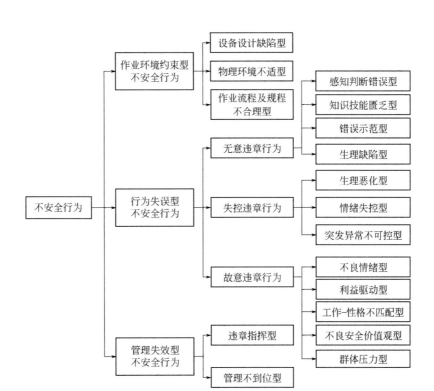

图 1-1　煤矿不安全行为、故意违章行为和习惯性违章行为

违章行为。相关的行为科学理论主要包括：需要层次理论、双因素论、期望理论、公平理论、群体动力理论和行为矫正理论等[18]。相关的习惯理论主要包括：标签化理论、自我调节能量透支理论。

马斯洛在已有标签化理论基础上提出："人们对所有经验、行为和个体做出反应时，不将它们看成独一无二的，而是将它们看成典型的，即将它们看成是这一或那一经验类型、范畴或标题中的一个例证或代表。"[19]因此说，习惯受主体或班组内其他成员过去经验的影响，一旦过去的某种行为给主体带来生理或心理上的效用，而且这种效用大于改变这种行为方式带来的效用时，该行为就会重复发生。

自我调节能量透支则会削弱主体有意识努力的自我调节[20]。在自我调节过程中，会发挥自我控制力，主体会抵抗情绪上的冲动及行为并尽可能与规范一致，直到个体依赖的有限资源透支时，自我控制力降低，完成任务的方式又回到过去经验。

根据神经科学、神经生物化学和脑科学的研究[21]，习惯性违章行为形成的生理过程如下：首先，一些外部信息传输到大脑的特定结构，在大脑各结构的系统配合下进行高级加工和处理，之后送入下一组织中对信息进行处理和执行，并在大脑中形成该种行为的信息块。在下次出现类似情境时，主体就会根据记忆调用大脑中贮存的类似信息块，这种相似性在多次重复后，就会产生易化效应，此时，外部信息认知转化成内部认知，并形成快速反应通道，反应定型化。根据行为主义和认知心理学派的研究，习惯性违章行为形成的心理过程如下：注意→保持→复现→动机→行为定型化。

习惯性违章行为并不必然导致事故。早在 20 世纪 90 年代，Reason 通过事故发生路径分析不良行为，结果表明：管理失效、作业环境条件、主体违章行为是事故贡献因素，且它们在时间上重合时，才能引发事故[22]。

近些年，傅贵等运用安全科学原理和案例分析法分析不同类型事故，得出：安全知识、安全意识和安全习惯是不良行为的根源[23]。

习惯性违章行为是行为的一种表现形式，它是有意不安全行为和无意不安全行为固化的结果。通常，人的行为由人与环境及组织的相关关系决定，并受主体心理支配。综上所述，习惯性违章行为产生机理包括：主体感知环境信息方面的失误，信息刺激人脑；人脑处理信息并做出决策的失误；行为输出时的失误等方面，而整个过程都受到外界条件、主体心理和生理等因素的影响。习惯性违章行为产生机理的具体过程如图 1-2 所示。

1.2.2　习惯性违章行为的特征

行为分类的研究经历了单个行为研究、行为子集研究和整体研究三个阶段。关于习惯性违章行为的分类研究多见于企业界。①根据其成因分类，代表性研究有：沈新荣将其分为无意识性违章、怕麻烦性违章和"安全第一"错位性违章，其中无意识性违章是由安全知识不足、安全意识不强、对危险的辨识能力和事故应急措施的知识欠缺所致[24]；姜学军将其分为不知不觉性违章、盲目蛮干性违章、麻痹大意性违章、得过且过性违章、心存侥幸性违章和贪图安逸性违章 6 类[25]。②根据其表现形式分类，

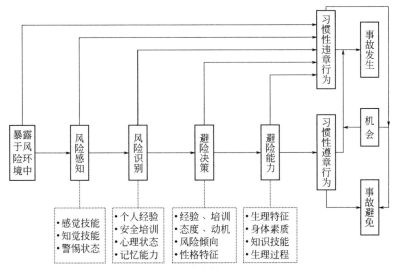

图 1-2　习惯性违章行为产生机理

代表性研究有：渠立秋将其总结为作业性违章、装置性违章、管理性违章和指挥性违章[26]。③根据其内容分类，代表性研究有：刘昭曙归纳为违章指挥、违章作业、冒险作业、违反劳动纪律 4 类，或规程性违章、纪律性违章和技术性违章 3 类[27]。此外，陈红等[28] 总结了与之相关的故意违章行为表现形式，为研究提供了借鉴。

　　大多研究对生活中带来的习惯性违章行为、工作中习得的习惯性违章行为和环境因素导致的习惯性违章行为研究较少，而往往这些类型的行为更难被发现。因此，多角度考察习惯性违章行为的形成根源，可以较全面地挖掘隐蔽性不良行为习惯。

　　多维尺度法根据事物间的相似程度，将调查数据分配到"概念空间"的特殊位置，通过对象的空间关系来明确分类。目前，该方法已被广泛应用于行为分类研究中。如张燕、陈维政关于工作场所偏离行为的分类研究[29] 和彭贺关于中国知识员工反生产行为研究[30]。因此，将其应用于习惯性违章行为分类研究可以通过多维空间中点的分布状况，简单明显地分析其分类及空间特性。

　　有关习惯性违章行为辨识和评价的研究较少，大多从生理-心理测量的角度去间接地反映行为。曾伏娥、罗茜等利用关键事件法和扎根理论确立了一套专门针对网上消费者非伦理行为的测量量表[31]。李英芹研究开发了安全行为心理测量的方法，包括量表测量法、安全心理测试系统、生理与心理测定仪器并辅以量表等[32]。现有不安全行为评价研究也多用层次分析法进行，这种方法将各属性值同一化处理，没有考虑不同取值，如实数、模糊数和区间数等的区别，因此，急需引入混合多属性决策法改进习惯性违章行为评价方法。

综上，习惯性违章行为作为一种行为惯性，是在作业过程中形成的，具有反复性和隐蔽性，其表现形式与特定作业流程有很大相关性。现有研究多是根据经验定性分析，缺乏从实证角度对习惯性违章行为进行分类、辨识和评价。本研究拟借鉴现有行为科学和安全管理理论，对高危岗位矿工习惯性违章行为进行辨识和评价。

1.2.3　习惯性违章行为的影响机理

行为科学理论认为，"人的心理与行为是辩证统一的。行为机制的核心是心理因素，心理活动支配着行为决策，行为又是心理活动的外在表现"[33]。因此，习惯性违章行为的形成受其主体心理过程的影响。早在20世纪，马斯洛就从注意、感知、学习和思维四方面研究其对企业惯性形成的影响[34,35]。

行为主体的心理状态主要表现为对日常作业中的安全认知、心理压力大小、头脑清醒程度等。良好的心理状态能引导行为主体作出正确的感知和判断；而不良的心理状态，如侥幸心理、麻痹心理等则是不良行为习惯的根源，同时也是安全生产的危险点。

已有关于习惯性违章行为影响因素的研究大多从定性层面侧重分析心理状态的影响。赵霞等[36] 专门研究瓦斯检查员安全心理对其行为的影响，并对其心理进行测量与分析。

学术界从安全人因工程角度将心理因素主要归纳为性格、能力、动机、情绪和意志5个方面[37]。禹东方等运用预期价值论对违章行为进行推断，提出违章心理动力公式，并指出违章动力受违章带来的收益、惩罚，以及个体赋予的决策权重影响。曹庆仁等从认知心理学角度分析煤矿员工不安全行为决策的心理过程，构建了不安全行为"知-能-行"模型，指出员工心理活动的记忆、理解、认知和安全价值观是影响不安全行为的主要因素[38]。刘焕结合一般的安全管理理论，将行为者违章时的心理分为三类，即文化氛围对个体影响而产生的违章心理、行为者对自己行为能力过高估计而产生的违章心理、由于行为者对行为后果的期望程度而产生的违章心理[39]。

也有学者从行为适应性调整角度研究效用对习惯形成和改变的影响[40]。

1.2.3.1　高危岗位矿工自身影响因素

（1）生理疲劳　主体进行行为决策时，其心理活动会受到主体生理活动的影响，尤其是生理疲劳。生理疲劳状态下，主体对信息的注意、感知、加工和处理准确性降低，安全注意力衰退，不能及时发现作业环境中的事故隐患。同时，主体安全自制力也变低，在安全需要和生理需要争斗中，生理需要占了主导地位，并影响其行为决策合理性[41]。有研究也指出，主体的情绪反过来又影响其生理功能的正常发挥[42]。

（2）安全意识　安全意识（也称作环境感知能力）它主要体现在个体的安全态度、安全注意力和安全反应上，是对作业环境中事故隐患随时保持警惕性的心理状态。它的心理活动主要体现在主体通过观察客观环境，对其进行认知、评价和判断，在此基础上，安全意识发挥其调节作用，指导个体作出正确的行为决策[43]。安全意识高的个体，能恰当地进行注意力的集中和分配，对事故隐患也保持较高的心理戒备，并积极调动心理资源，调节身心状态，作业中保持较高的安全自觉性和安全投入水平[44]，并规范自己的安全作业行为。

（3）安全自觉性　自觉性多用于研究青少年行为问题。它反映了个体对章程规范的遵守程度，对个体的违章行为有很大影响[45]。

（4）安全自制力　自制力属于意志的范畴，安全自制力高的个体往往责任心也较强，有研究认为自制力影响习惯的形成和改变[46]。

（5）安全知识技能　安全知识匮乏，工作经验和技能欠缺，操作技术不佳，便不能及时察觉和认清作业现场的安全风险，不能正确处理作业现场的设备故障和事故隐患，往往会引起事故发生。尤其对新人来说，面对新的作业环境，心理往往较紧张，加上安全技术的生疏，导致工伤事故发生。相对来说，老员工工作经验丰富，对机器和工作环境熟悉，这不仅可提高他们的工作效率，也有助于他们判断和处理异常情况。

此外，知识技能的缺乏将导致作业人员认识不到自身或他人存在的错误作业方式[47]。

1.2.3.2　作业环境影响因素

有学者认为，不安全行为是不安全环境相关的函数，操作者所处的作业环境，尤其是作业环境中的不良因素及设计缺陷易导致不安全行为发生[48]。陈红等在研究瓦斯事故规律时也发现，作业环境缺陷是事故的主要特征源之一[49]。

1.2.3.3　组织管理影响因素

陈红等研究瓦斯事故人因时发现组织管理失误是事故的主要特征源之一[50]。研究认为，组织中的示范性规范会影响个体的行为决策，个体倾向于选择班组其他成员简化规程但没发生事故的行为，同时，"师带徒"的技术传承模式，又会使一些不良作业行为习惯一代代固化成一种行为模式[51]。

也有研究认为微观组织因素是影响班组倾向于主动采取安全措施的首要决定因素，参与型安全监管是很好的预测变量，此外还有安全管理经验等；宏观组织因素主要包括组织承诺和安全监管等变量[52]。

宋泽阳等经研究证实，安全管理体系缺失是导致不安全行为的潜在根本原因[53]。周刚等从人因失误机理出发，认为安全教育、技术培训等方面的缺失与不足是导致人因失误的主要原因[54]。解东辉指出煤矿企业中安全投资是企业安全管理控制的重要一环[55]。Neal 等在研究组织氛围与个体行为关系中，证实了组织氛围、安全氛围通过知识和动机这两个内在变量影响员工的行为安全[56]。Cavazza 等通过研究证实安全氛围负向影响员工违章行为意愿[57]。刘福潮等运用博弈思想解释了加强安全监管可以降低工人的违章发生率[58]。

国内学者对故意违章行为影响因素的研究较深入，认为其影响因素主要有：传记特征、主观心理、组织环境特征、管理方式等。不安全行为影响因素研究中，张江石、傅贵等认为安全认识与安全行为之间存在任务安排、工作压力、安全知识等其他中间因素[59]；也有研究认为安全教育、技术培训、人机系统设计等因素会导致人因失误[60]。

国外学者对习惯性行为的关注相对较少，研究主要集中在毒瘾和网瘾等领域。对于企业生产中的安全问题大都是从行为科学视角来研究其不安全行为，如 Hofmann 等主要分析了主体感知到的安全氛围对不安全行为的影响[61]，Rundmo 等则侧重分析组织承诺和员工参与度的影响作用[62]，Thanet 等侧重分析工作压力、组织支持、群体规范、过去行为及主体心理惰性对不安全行为的影响[63]、Glendon 等侧重分析主体安全观念、风险感知能力、行为动机、过去行为和习惯、社会规范、作业环境因素等的影响[64]。

综上，以往研究对故意违章行为、不安全行为等进行了大量研究，并取得了丰富的成果，专门针对习惯性违章行为惯性形成过程影响因素的研究较少，仅有的也大多从定性角度分析，并未进行实证检验。因此，本文将从高危岗位矿工自身心理过程、作业环境和组织管理三方面构建习惯性违章行为影响因素概念模型，并进行实证检验。

1.2.4 习惯性违章行为的演化和作用机理

近些年，国内外学者突破行为影响因素的静态研究，将行为的形成视为一个复杂大系统，采用系统动态仿真模拟的方法对不安全行为形成机理进行分析，并据此提出干预措施。

复杂适应系统（CAS）由许多具有适应性的智能体构成，CAS 理论核心是适应性造就复杂性，CAS 包括 7 个相关概念：聚集、非线性、流、多样性、标识、内部模型及积木，其中前 4 个是个体特征，后 3 个是个体与环境及其他主体进行交互的机制[65]。复杂性科学的发展极大地促进了仿真工具的发展，其中 VENSIM、SWARM 提供了通用仿真框架，而且没有对模型及其要素间的交互做任何限制，因此可以用来构建和模拟复杂系统[66]。国内学者近年来应用复杂适应系统于各领域的建模仿真研究中，如基于时间 Petri 网和多 Agent 相结合的建模方法[67,68]、随时间演化的复杂系统[69]、组织学习动态过程模型[70] 等。

习惯性违章行为的形成是一个多因素复杂交互的动态过程。对于高危岗位矿工习惯性违章行为系统来说，首先主体是有层次性的，个体、环境、安全管理相互作用；其次高危岗位矿工习惯性违章行为系统发展过程中，个体的性能参数、功能、属性均在变化，整个习惯性违章行为系统的结构、功能随之产生变化；最后个体并行地对环境中的各种刺激做出反应、进行演化，而且存在大量随机复杂性因素。高危岗位矿工习惯性违章行为系统的特征和CAS理论有很好的契合性，CAS理论对习惯性违章行为更具有描述性和表达能力。

目前没有学者将复杂适应系统应用于人因失误的动态分析中，本研究拟运用复杂适应系统仿真模拟技术研究习惯性违章行为演化机理，将高危岗位矿工习惯性违章行为视作一个复杂动态系统，研究高危岗位矿工自身、作业环境和组织管理3种因素对习惯性违章行为形成的交互作用，运用动态分析方法，对该原型系统进行抽象、简化，构建模型，并对模型进行计算、仿真和试验，根据得出的结论指导、预测和深刻地认识原型系统。

1.2.5 习惯性违章行为的治理

1.2.5.1 治理措施

目前，国内外大多通过安全监管制度和安全文化建设的方式治理习惯性违章行为，但缺乏系统的对习惯性违章行为的过程改变和效果维持方法。以往研究的主要治理方式如下。

（1）班组建设　赵春麟指出班组是企业的细胞，是反违章的主要阵地，抓好班组建设能有效预防习惯性违章[71]。突出班组建设、强化领导对安全管理的认知，以身作则，是反习惯性违章的关键因素，培养员工良好的安全习惯、加强大员工培训教育力度、营造安全氛围、建立激励机制和常抓不懈是反习惯性违章的重要因素[72]。也有研究从经济学角度分析高危岗位矿工习惯性违章行为，提出通过激励、监督、约束、班组成员竞争要素等外部环境的有效匹配来解决高危岗位矿工习惯性违章行为的治理问题[73]。

（2）提高安全管理水平　张舒等提出通过建立科学规范的安全培训考

核机制、安全连带责任制度、作业现场违章处理机制等措施来干预不安全行为[74]。王宝宏等提出强化安全意识、安全培训教育、人性化管理、劳动用工管理、暂时性突击任务的安全管理、未发生事故对象的管理和消除设备设施隐患可以有力遏制习惯性违章行为[75]。何滨通过分析习惯性违章行为特点，提出通过建立严格的安全考核和安全检查负向激励制度有效控制违章行为，并结合安全教育培训，提高作业人员的知识技能水平，增强其安全意识[76]。张运涛等提出的治理措施重点强调奖励与惩罚的结合[77]。

（3）塑造良好的安全氛围　张爱红提出通过增强领导的安全承诺，塑造良好的安全氛围可有效防治习惯性违章行为[78]。也有研究提出通过安全行为文化、安全制度文化、安全环境文化等安全文化建设改变习惯性违章行为[79]。

（4）加强正式群体和非正式群体影响作用　时砚基于群体动力学理论，提出行为矫正的重点在于领导承诺、正式群体和非正式群体对安全的统一认知[80]。

（5）事前预防　黄存旺通过预测事故危险点进而采取措施防治习惯性违章行为[81]。这些研究注重以班组为研究单位，通过加强班组安全管理方式等来治理习惯性违章行为，但忽视了习惯的反复性。因此，探索一套系统的治理不良习惯，并同时能促进养成良好习惯的管理措施十分必要。

相比习惯性违章行为，国内学者对故意违章行为干预进行了较多研究。如：杨培栋等提出通过安全文化建设来治理违章行为，具体方式为技术革新、安全管理制度完善和安全宣传教育[82]。王桂山等提出主要通过信息反馈、人体生物节律、家庭权威和家庭劝说来治理违章行为[83]。严翠香提出通过推行标准化作业、惩罚不合理行为、强化安全管理制度的执行和安全联保互保方式治理违章行为[84]。王其新提出通过教育的方式改变作业人员有意违章心理，进而降低事故发生率[85]。某些习惯性违章是偶然性故意违章逐渐演化来的，故意违章行为干预策略为习惯性违章行为干预提供了思路。

国内学者大多从定性角度提出治理措施，而国外研究则大多通过实证研究来探讨对策的有效性。如 Sulzer-Azaroff 基于 Behavior-Based Safety（BBS）对行为进行实验研究，结果表明正向的强化措施有利于员工积极行为的发展[86]。Denise 和 Sulzer-Azaroff 通过实证分析表明及时的行为反馈可有效控制不安全行为的发生[87]。McAfee 和 Winn 通过研究也证实了反馈和正向强化的重要性[88]。Tomas 通过构建不安全行为的结构方程模型，表明安全氛围是一个关键影响因素[89]。Mohamed 提出行为治理的关键点是操作技能的培训[90]。Hickman 和 Geller 通过行为观察，提出自我管理是保证个体行为安全的最有效方式[91]。Zohar 和 Luria 提出安全监督可以有效管理行为[92]。在大多研究中，BBS 技术受到青睐，它强调意识与行为的关系。E. Scott Geller 指出 BBS 不仅为研究不安全行为提供了程序和逻辑思维方式，而且为员工职业风险控制提供了方法[93]。

也有研究基于模糊层次分析法评价系统风险水平，根据风险水平提出治理措施[94]。

综上可见，目前国内外对习惯性违章行为及故意违章行为治理取得了一定成果，但缺乏系统性和整体性，尤其是对习惯性违章行为的治理。习惯性违章行为是经过一个过程形成的定型性行为，对其进行治理，首先要考虑"解冻"这种旧的定型习惯，然后围绕习惯形成机制的核心——心理因素进行干预，并采取措施保证旧态不复发。此外，不同职业群体的习惯性违章行为表现不尽相同，其形成机理也不同，治理侧重点也有所不同。因此，结合高危岗位矿工习惯性违章行为演化路径及形成机理分析结果，提出针对性的治理措施是必要的。

1.2.5.2 保障措施

在行为习惯改变方面，如毒瘾、网瘾等有许多成功的例子，但存在不少行为习惯改变者在后期故态复发[95]。因此，必须设计相应的保障措施，以保障治理效果的持续性。

（1）李乃文等提出基于流程思想的高危岗位矿工安全行为习惯塑造研究，并对塑造高危岗位矿工安全行为习惯的 5 个阶段——文本化、流程再造、制度化、物化、习惯化分别进行了阐述[96]。杨东森等人构建了煤矿事故的故障树模型，运用人因工程理论，从"人-机-环"三方面对煤矿事故产生原因作了分析，分别研究了人员素质、作息制度、设备与人的相合性、温度、噪声、色彩等因素与事故发生的关系，并据此提出建议和改善措施[97]。但目前对环境塑造的研究仅是理论上的分析，缺乏实际的操作设计。

（2）心理行为训练在国内主要应用于军事领域、教育领域、医学领域。如在经过有效的心理行为训练之后，潜艇艇员在应对突发事件时的应激水平有了大幅降低；而一线医护工作者在接受心理行为训练之后，心理素质有显著提升[98]。在大学新生中开展团体心理行为训练可有效提高大学新生的归属感[99]。实践表明心理行为训练对于改善个体心理、行为有显著效果，目前煤矿企业心理行为训练方法的研究还较少。

（3）李乃文等提出以"主动"的角度塑造危机意识，阐述了危机意识塑造与危机型组织等概念[100]；国内学者提出建立煤矿企业全面危机管理模式[101]、抓好班组建设[102,103]、领导层的重视以及非正式群体和正式群体的一致性[104~106]，能有效预防习惯性违章行为。

综上可见，目前对习惯矫正效果保障的研究还较少。环境是行为孕育的土壤，因此，本文主要通过环境的安全塑造来保障行为矫正效果。

1.3
研究目标及研究内容

1.3.1 研究目标

（1）探索高危岗位矿工习惯性违章行为的特征和耦合关联模型。明确高危岗位矿工习惯性违章行为的属性特征和空间分布特征，并对其耦合关联性进行分析，尤其是属性间与属性内的关系特征。

（2）从静态角度构建高危岗位矿工习惯性违章行为影响因素模型，并验证模型；从动态角度构建其形成演化的系统动力学模型，并进行仿真实验，总结其演化规律。

（3）根据动态形成演化机理，明确高危岗位矿工习惯性违章行为的治理机制，并提出针对性的治理和保障措施。

1.3.2　研究内容

（1）高危岗位矿工习惯性违章行为特征分析　根据事故案例分析和访谈结果，对高危岗位矿工作业情况，包括作业流程、作业要求进行分析，然后列出其外显的行为表现形式，并对这些行为出现的时间、地点、年龄等特征趋势进行分析，最后从生理学和心理学行为模式角度解释高危岗位矿工习惯性违章行为形成过程。

（2）高危岗位矿工习惯性违章行为耦合关联评价　首先，分析违章行为属性值的分布特征及关联关系，运用关联规则（ARM）和耦合关系理论对各类违章行为下相应属性的关联系数进行求解，得到耦合关联度向量集，且从大到小排序；然后，依据排序后耦合关联度向量集映射成习惯性违章行为耦合关联分析模型；最后，引入召回率、精确率和平均绝对值误差（MAE）等3个指标，分别求解数据集和模型的指标结果。

（3）高危岗位矿工习惯性违章行为影响因素分析

① 确定高危岗位矿工习惯性违章行为主要影响因素集　根据文献分析、事故案例分析和访谈结果得出高危岗位矿工习惯性违章行为主要影响因素集。

② 分析高危岗位矿工习惯性违章行为影响因素的多级递阶结构图采用解释结构模型（Interpretative Structural Modeling Method，ISM）法，从定性角度明确表层直接影响因素、中层间接影响因素和深层根本影响因素。据此，构建理论模型并提出研究假设。

③ 验证研究假设　对假设中各变量进行操作化定义，并设计其测量工具，通过调查，进行实证分析。构建的影响因素结构方程模型（Structural Equation Modeling，SEM）从量化角度明确了各影响因素的影响效力。

（4）高危岗位矿工习惯性违章行为演化机理分析

① 分析高危岗位矿工习惯性违章行为演化路径　从复杂系统角度解释高危岗位矿工习惯性违章行为强制演化和自然演化规律、原理。

② 构建高危岗位矿工习惯性违章行为形成机理的系统动力学模型根据系统构成要素关系和仿真方案，对系统中的重要反馈回路、重要变量

关系进行分析和确定，绘制系统因果关系图和系统流图；根据实际情况确定变量方程，并基于流图对高危岗位矿工习惯性违章行为形成趋势进行仿真模拟，进而揭示其治理路径。

（5）高危岗位矿工习惯性违章行为治理

① 治理机制　根据斜坡球体论提出高危岗位矿工习惯性违章行为治理力，分析各力的作用效果，并明确治理机构及其相互协作方式，最后，提出治理的事前管理模式。

② 治理措施　根据治理阶段，从心理、制度、行为、反馈四方面提出各级管理者和高危岗位矿工安全宣言、安全作业行为标准化、群策群力活动、行为考核的四轮驱动治理模式，实现"以理念的形式使习惯性违章行为治理信仰化，以制度的形式使习惯性违章行为治理机制化"。以"让高危岗位矿工有'快乐和幸福'情感体验→主动参与快乐管理模式→参与心理行为训练系统"为主线，提出了心理行为训练方式；从制度上管控，提出了强化安全教育培训和领导行为的方式；从群策群力活动角度，提出了高危岗位矿工不同班组间互查互助方式。最后通过安全环境塑造保障治理后的习惯性违章行为治理效果得以固化。

1.4
研究方法及技术路线

研究工作按以下方法进行。

（1）文献分析法、事故案例分析法、访谈法和问卷调查法　首先在文献分析基础上，通过事故案例分析和开放式访谈确定高危岗位矿工习惯性违章行为的表现形式、影响因素和管理现状；并收集主要变量信息，为确定测量项目内容奠定基础；然后，在参考成熟量表和访谈结果基础上编制高危岗位矿工习惯性违章行为相关变量测量问卷，进行抽样调查。

（2）数据分析法　运用 ISM 和 MATLAB 构建高危岗位矿工习惯性违章行为影响因素的多级递阶结构图；运用 SEM 探索性分析和验证性分析相结合的方法构建高危岗位矿工习惯性违章行为影响因素的结构方程模型。

（3）计算机仿真模拟技术法　从动态角度构建高危岗位矿工习惯性违章行为形成演化机理的动力学模型，并采用 VENSIM 计算机仿真技术对其演化趋势进行仿真模拟。

研究技术路线如图 1-3 所示。

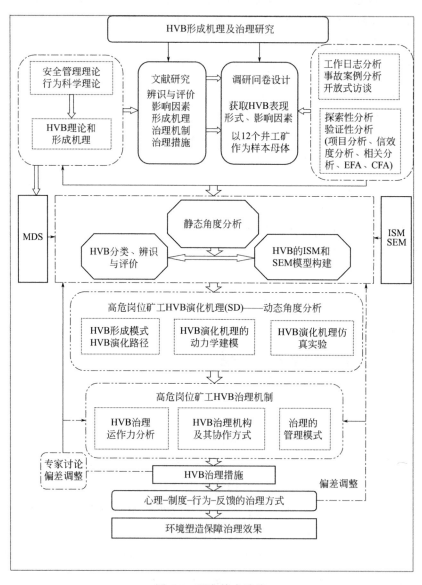

图 1-3　研究技术路线

1.5
主要创新

（1）运用关联规则（ARM）和耦合关系理论对各类违章行为下相应属性的关联系数进行求解，得到耦合关联度向量集，且从大到小排序；然后，依据排序后耦合关联度向量集映射成习惯性违章行为耦合关联分析模型。

（2）构建了高危岗位矿工习惯性违章行为影响因素的结构方程模型。其中，高危岗位矿工自身的安全意识（突出安全注意力属性）、安全自觉性（突出安全责任感属性）和安全自制力（突出情绪自控力属性）是对习惯性违章行为影响较大的三个因素；组织管理的组织承诺、安全氛围对习惯性违章行为影响作用较大；作业环境的机器设备完好性、作业流程及规程合理性对习惯性违章行为影响作用较大。

（3）构建了高危岗位矿工习惯性违章行为形成演化的动态仿真模型，并进行了仿真实验。其中，同期内作业环境安全水平提升最容易；组织管理水平的提升能较大幅度地改善习惯性违章行为水平，且作用存续时间也较长；组织管理子系统和高危岗位矿工自身子系统要素的动态复杂交互作用较强；提高管理者和高危岗位矿工安全意识参数后，习惯性违章行为及其子系统水平前期都有较快提升。

（4）提出了心理、制度、行为、反馈的四轮高危岗位矿工习惯性违章行为治理措施。心理方面通过心理评估、心理行为训练培养良好的心理品质；制度方面通过完善安全教育培训和领导行为方式实现制度契约与关系契约共存；行为方面通过不同班组间互查互助的群策群力活动消除不良惯性；反馈方面通过习惯性违章行为考核评价结果提出强化治理和巩固遵章行为的措施。

2
习惯性违章行为特征分析

2.1
煤矿事故案例分析

2.1.1　煤矿事故源分析

分析近十年煤矿重特大事故案例，结果显示，煤矿瓦斯事故和顶板事故造成的死亡人数最多，且居"多"不下，构成煤矿两大重要灾害。在这两类事故中，顶板事故具有频发、单次死亡人数少、伤及范围小的特点；而瓦斯事故发生频率低，单次死亡人数较多，伤及范围大。

2.1.2　瓦斯事故环境特征源分析

首先，根据煤矿性质对瓦斯事故环境特征进行分析，结果见表 2-1。由表可看出，乡镇煤矿瓦斯事故发生率最高，且死亡率也最低；国有重点煤矿相对乡镇煤矿事故发生率和死亡率均较低，相对国有地方煤矿事故发生率差不多，但死亡率却远高于地方煤矿。说明乡镇煤矿基础条件和管理措施还相对落后，需加强改善；国有重点煤矿基础条件和管理措施相对完善，但一旦发生事故，就会造成大量伤亡。因此，国有重点煤矿应在日常管理中塑造危机意识，防患于未然。

表 2-1 瓦斯事故环境特征源（一）

煤矿性质	国有重点	国有地方	乡镇
事故发生率/%	13.9	13.3	72.8
死亡率/%	27.4	10.9	61.7

其次，根据发生地点对瓦斯事故环境特征进行分析，结果见表 2-2。由表可看出，易发生瓦斯事故的区域主要集中在掘进工作面、回采工作面、采空区和巷道。

表 2-2 瓦斯事故环境特征源（二）

发生地点	掘进工作面	回采工作面	采空区	巷道	皮带下山	排水巷	密闭空间
事故发生率/%	23	23	15	15	7	7	7

结合案例发现，瓦斯事故不仅发生在高瓦斯矿井，而且在低瓦斯矿井也有发生，甚至在"零死亡"矿井（如山西屯兰矿，安全生产周期较长，对瓦斯事故隐患麻痹）也有发生。因此，各煤矿在安全管理上不仅要"居安思危"，而且要"居危思进"，尤其是对于直接参与瓦斯安全检查工作的高危岗位矿工，其安全可靠性对于整个系统具有更为重要的作用。

2.1.3 瓦斯事故人因特征源分析

煤矿瓦斯事故主要包括：瓦斯爆炸、瓦斯中毒和窒息、煤与瓦斯突出、瓦斯燃烧四类。其中，瓦斯爆炸事故占比超过 30%，伤害力也最强，尤其是乡镇煤矿发生率最高，且死亡人数也是最多的。通过分析，总结各类事故的主要人因特征源，如表 2-3 所示。

结合表 2-3 和相关案例，分析得出大多瓦斯事故均直接或间接与高危岗位矿工习惯性简化作业规程有关，尤其是一些安全生产周期较长的矿井，作业人员对瓦斯灾害严重性认识不足，作业中对瓦斯事故隐患的敏锐性和警惕性也较低。如有研究提出：在井下作业中，存在高危岗位矿工不严格执行瓦斯检查制度，经常空班漏检，有些自觉性不强的甚至假检，对煤矿瓦斯监测设备等操作不合理或检修不及时等现象[114,115]。这些习惯性行为对高危岗位矿工和管理人员都具有隐蔽性，虽不必然导致瓦斯爆炸事故，但是一旦具备不安全环境条件时就很可能酿成事故。

表 2-3 近十年重大瓦斯事故特征源

事故类型	各类事故发生的主要特征源
瓦斯爆炸	高危岗位矿工违章作业、未严格执行"一炮三检"、局部通风机等通风设施工作异常、吸烟、带电作业、拆卸矿灯
瓦斯中毒、窒息	违章进入险区、高危岗位矿工违章作业、放炮产生有害气体、自救器没有及时维护、火区管理不善、通风设施工作异常
煤与瓦斯突出	违章爆破、违章掘进、工程技术管理不严
瓦斯燃烧	高危岗位矿工违章作业、机电管理混乱、炸药等用品乱摆放

2.2
高危岗位矿工作业情况分析

目前，煤矿"专职高危岗位矿工检测、下井人员自主检测、监测监控系统"三位一体的瓦斯监控监测体系日趋完善，但实际作业中有些煤矿存在瓦斯安全监控系统形式化、高危岗位矿工简化作业规程等隐患。

高危岗位矿工作为煤矿井下重要特殊工种之一，其岗位职责和重要性也居首位。高危岗位矿工不仅担负着分工区域内瓦斯、二氧化碳等有害气体及温度的检查测定，而且负责对分工区域内通风、防尘、防水、防突、瓦斯抽放及安全监测等有关设施设备的使用和工作情况的检查、维护与管理。若发现上述检查项存在隐患时，高危岗位矿工要采取有效措施对其进行处理，根据情况责令相应地点停止工作并撤出所有人员。

尽管煤矿瓦斯监控监测设备日益更新，甚至井下实现智能化作业，但再先进的设施设备也要由人来操控，从一定程度上来说，人的标准化作业行为更为重要了，一旦出现差错，将会带来不可估算的损失。对于一些乡镇煤矿来说，机械化作业程度不是很高，有的即使使用了先进监控检测设备，但设备并未发挥最大功用。有些矿甚至高危岗位矿工和安检员由一人兼任，归通防部管理，其岗位职责和重要性更大。高危岗位矿工岗位胜任力不仅需要工作经验、相关知识技能、安全意识、责任意识等，还需要高危岗位矿工具备敏锐的隐患排查、快速反应、准确判断分析能力以及良好的安全自觉性和自制力。

2.3
高危岗位矿工习惯性违章行为表现形式分析

高危岗位矿工习惯性违章行为与其家庭生活和工作背景有很大关系，是在井下作业过程中缺乏自我保护，以及保护他人、设备和工具等意识的不合理行为。它是一种与过去经历密切相关的过程化行为，根据过去行为经历进行适应性调整。井下作业大多时候处于正常生产条件下的安全状态，但出于人的本能，如侥幸心理和惰性心理等，或群体示范性规范等的驱使会使人做出违章行为决策，倘若未造成不良后果，或行为决策者认为行为效用大于行为成本，就会在一定程度上助长这种行为的发生，久而久之便形成一种习惯。在煤矿突发事件影响下，人的这些平时没产生不良后果的习惯性违章行为便会使安全状态转变为危险状态，进而导致事故发生。

采用整群随机抽样法在阜矿集团旗下煤矿选择 50 名矿井高危岗位矿工作为研究对象，其中 20 名高危岗位矿工身兼安检员。这些调研参与者大多在井下工作长达 3 年以上，具备足够的经验和阅历来描述矿井作业场所中高危岗位矿工的习惯性违章行为表现。具体过程如下。

（1）进行开放式问卷调研　调研时首先与阜矿集团旗下煤矿有关负责人进行联系，在得到对方单位支持后，利用高危岗位矿工集中培训学习时间，由研究者对所要调查的意义、内容和方法进行具体说明，并强调该调查属于研究性质。要求每位参与者提供 5 种以上高危岗位矿工经常表现出的与岗位操作规范、安全规章制度不一致的习惯性行为或经常被处罚记录的违章行为，并列举 3 个以上产生这种行为的原因。在研究中用"常见的重复出现的违章行为"代替"习惯性违章行为"，以方便高危岗位矿工理解。同时，选取 20 位长期从事煤矿通防部管理工作的资深安全管理人员，让其描述管理中常见的违反安全规程和规章制度的高危岗位矿工行为、目前煤矿企业如何治理这种行为及治理效果如何。综合上述方法，共获得 125 种常见的高危岗位矿工习惯性违章行为。

（2）对获得的 125 种行为进行筛选　结合瓦检作业流程中的关键行为及其作业标准，对意义表述不明确的行为和重复表述的行为进行删减，得到 66 种高危岗位矿工习惯性违章行为。

（3）进一步按照是否符合研究界定的高危岗位矿工习惯性违章行为特点删减和合并行为，最终得到 47 种阜矿集团旗下煤矿最常见的具有共性的高危岗位矿工习惯性违章行为表现形式，见表 2-4。

表 2-4　典型的高危岗位矿工习惯性违章行为表现形式

编号	具体行为
1	突发事件下，优先考虑自己
2	滥用安全防护设备
3	不仔细检查局部通风机等设备设施的工作情况
4	钻程序、制度的空子
5	对难于考核的任务完成马虎
6	不愿意主动承担更多的职责
7	消极执行上级命令
8	不愿意与班组其他成员合作
9	对别人犯的错误不提示
10	与工友易发生冲突
11	不按循环图表检查瓦斯
12	在不佩戴必要安全防护的情况下开始工作
13	评估不按规定程序操作，存在应付、不认真、弄虚作假行为
14	瓦斯检查牌板距迎头距超过规定
15	酒后上岗

续表

编号	具体行为
16	不在工作面瓦斯较大区域检查,却在进风区域、风流较小地点蹲坐
17	瓦斯检查记录不清或者不做记录
18	未按时交接班
19	班组长进坑不携带检查仪器、带仪器进坑不进行调校
20	未在指定地点交接班
21	具备点火条件时放空不点火
22	作业中不关注细节
23	未及时填写瓦斯检查牌
24	未向调度室及时汇报
25	风筒距工作面超过规定
26	瓦斯检定器未换气
27	不按要求进行探头吊挂
28	每班未对管辖范围内的传感器的数据进行校对和记录
29	瓦斯检定器发生故障时,私自拆卸,或在井下拆卸
30	瓦斯超限的施工地点,现场未严格按规定制止队组作业
31	不执行"三员两长"循环制约制度
32	瓦斯检查记录牌板未随着检查点位置的变化而及时移动
33	工作中没有细心观察工作环境、及早消除隐患
34	回采工作面内瓦斯检查记录牌板的吊挂位置,挂在回风巷距工作面大于 50 米的地方
35	高危岗位矿工有问题未交清或没有汇报
36	掘进工作面回风流中瓦斯浓度达到 1% 时,未采取措施
37	排放瓦斯时未检查局扇及其开关前后风流内的瓦斯浓度
38	下井前未检查瓦斯检定器
39	漏检,不认真填写牌板,不及时填写瓦斯检查图表
40	采煤工作面一次循环检查路线不完整

续表

编号	具体行为
41	停风的巷道,未即时揭示警戒牌,禁止人员入内
42	瓦斯超限不停电撤人
43	不按规定清洗气室或不在规定地点对零
44	过度疲劳,上岗睡觉
45	风筒有破口而不补
46	对井下瓦斯高冒区,瓦斯检查有少检漏检现象
47	工作中打盹,注意力不集中

2.4
高危岗位矿工习惯性违章行为趋势分析

根据瓦斯事故案例分析及访谈结果,总结归纳高危岗位矿工习惯性违章行为发生的时间、地点、年龄和工龄趋势特征。

(1) 习惯性违章行为发生的时间特征 从图 2-1 可看出,高危岗位矿工习惯性违章行为大多发生在中午 11:00 和下午 16:00。通常在作业刚开始时,高危岗位矿工安全注意力相对较高,反应时相对较短。随着作业的深入,井下恶劣的物理环境影响其感知和对事物的判断力,甚至影响其积极情绪体验,进而做出习惯性违章行为选择。值得注意的是这两个高发点通常是作业快要休息或结束时,经过一上午或一下午的紧张作业,高危岗位矿工生理疲劳和心理疲劳水平增高,安全注意力衰退,对安全的警惕性下降,潜意识中生理需要支配着行为,便会出现简化作业规程的情形。

(2) 习惯性违章行为发生的地点特征 煤矿企业瓦斯事故大多发生在井下日常看来比较安全的作业区,如低瓦斯区域。这些工作区在以前作业中发生事故少,发生突发事件的可能性也较小,高危岗位矿工在此工作区作业时,对事故危险性认识不足,作业中缺乏对事故隐患应有的警惕性,安全注意力不集中,习惯性违章行为发生率较高,一旦发生突发事件,安全注意力没有及时分配和转移,缺乏应急处理能力,事故发生可能性增

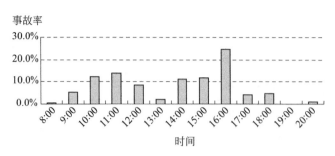

图 2-1　习惯性违章行为的时间特征

高；高危岗位矿工在井下危险区作业时，突发事件发生可能性大，对事故隐患的警惕性较高，作业行为标准化程度高，习惯性违章行为发生率较低。

（3）习惯性违章行为发生的年龄特征　30 岁以下和 45 岁以上的高危岗位矿工是事故发生的高危人群，也是井下违章记录较多的对象。30 岁以下的高危岗位矿工，尤其是自觉性较差的，作业中责任心不强，投机取巧，又认识不到后果危害性时，就容易养成习惯。45 岁以上的高危岗位矿工自认为多年来积累了较多工作经验，而且用这种简化的作业方式也没有造成过事故，因此习惯性违章行为倾向也较高。

（4）习惯性违章行为发生的工龄特征　工龄 1～3 年和 5 年以上的年轻工人事故最为频繁。刚从事相关作业的高危岗位矿工将生活中的一些不良行为习惯带到了工作中，加上自制力差，就逐渐形成了作业中的习惯性违章。工龄 5 年以上的对作业中的非标准化作业方式已经麻木了，认识不到这种作业方式的后果的危害性，且这种习惯性违章行为隐蔽性和传染性较强。

2.5
高危岗位矿工习惯性违章行为形成模式分析

机理反映了系统的组织或部分之间相互作用的过程和方式。对高危岗位矿工习惯性违章行为形成机理进行仿真模拟，首先需要从理论上明确其形成机理，即明确一种行为如何在内外影响因素相互作用下形成惯性行为、这种作用的规则是什么。

研究高危岗位矿工习惯性违章行为形成模式是揭示其形成规律的重要途径。在高危岗位矿工违章行为习惯化的过程中，涉及高危岗位矿工的生理学行为模式和心理学行为模式。不管是有意识的行为还是无意识的行为，其发生都有特定的情境。大多行为的最初状态是有意识的，高危岗位矿工在做出一种行为决策时：①首先要发挥生理学行为模式作用，通过感知及判断周围与任务相关的环境，获取重要信息。在这个阶段注意力（包括集中、转移和分配）、感知速度和判断准确度就成了干扰行为决策的重要因素，而作业场所的物理环境，如光照、温度、湿度、色彩和噪声等又会影响人的注意力和判断力。②高危岗位矿工将获取到的重要信息送达到大脑，大脑对信息进行分析处理，然后根据其安全记忆，开始做出行为决策。在这个阶段，过去行为就成了干扰行为决策的重要因素。③在做出行为决策阶段，个体的心理学行为模式即将发挥作用，在信息刺激下高危岗位矿工的基本需要——生理需要和安全需要唤起，而需要这种基本动力就会推动产生相应动机，动机支配行为。在这个阶段，安全意识、自制力就成了影响行为决策的重要因素。④高危岗位矿工在行为决策阶段产生特定行为后，结合当时情境中的其他因素，便会产生一定的行为后果。

当高危岗位矿工受当时情绪、利益驱动或安全意识不强等因素影响时，便会低估风险的危害性，产生违章行为，这种行为的发生既有其主观故意性，又有隐蔽性。当这种行为产生后，若没造成不良后果，高危岗位矿工便会偏好这种行为决策，作业中生理需要大于安全需要，久而久之，一旦形成一定习惯，在情境刺激下便会自发地、无意识地重复这种行为选择。

当高危岗位矿工由于自身知识技能欠缺或辨识能力不足而违反作业流程及规程时，若没产生不良后果，也没有人提醒告知，则他在今后作业中不管遇到什么情境都会习惯性地选择这种行为方式。如煤矿企业井下作业通常采用师带徒方式，新入岗的高危岗位矿工对新环境不知所措，此时对师傅的依赖性就变得更加突出。不管师傅教什么，都全盘接受，或者模仿班组其他成员的作业方式，必然地沿袭了一些不良的行为习惯。这种违章行为在不断的模仿下固化，一旦形成，即使面临危险情境时，因大脑反应迟钝，也很难应急性地改变行为决策方式，尤其在快下班、生理疲劳时。

当高危岗位矿工处于倦怠状态时，其在工作中无法满足机器装备的生产要求，这时便会不得已选择有违作业流程及规程的行为方式。尤其当机器装备不满足井下生产作业要求时，这种行为便会持续，进而形成一种习惯性行为方式。

整个习惯性违章行为形成阶段都受到高危岗位矿工个人素养、作业环境和组织管理的影响。当上述行为决策形成习惯时，就需要在外界刺激促动下，自发地或强制地进行调整，而回归到理想的行为习惯状态。高危岗位矿工习惯性违章行为形成阶段和形成过程模式示意图如图 2-2 和图 2-3 所示。

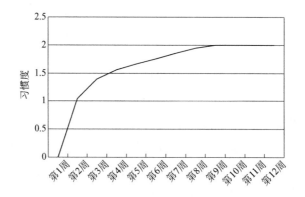

图 2-2　习惯性违章行为形成阶段

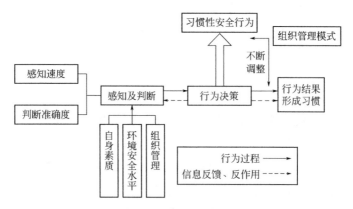

图 2-3　习惯性违章行为形成过程模式

习惯性违章行为的形成大致可分为三个阶段，第一阶段通常是行为演化的第 1 周，这周高危岗位矿工从偶发性违章行为中获利，对行为结果的认知使得他刻意去复制或模仿这种行为，这一阶段行为选择具有"刻意、不自然"性；第二阶段通常是行为演化的第 2、3 周，这两周只要高危岗位矿工之前的违章行为没造成事故后果，他就会继续刻意重复违章行为，演化成一种"刻意、自然"的行为选择；第三阶段通常是行为固化的第 4～12 周，高危岗位矿工重复的违章行为就可形成一种定型化的习惯行为，表现出"不刻意、自然"的特点。

3

习惯性违章行为
耦合关联特征分析

在行为信息与分析（Behavior Informatics and Analytics，BIA）范畴内，行为以动作、操作或事件的方式呈现，并在某种情况下产生相关序列[116]。近年来，行为领域逐渐注重习惯性违章行为的研究。习惯性违章行为是指违反安全制度和安全生产工作客观规律的长期、反复行为[116,117]；高危作业工人因生产环境引起身体不适、心理状态不好等多元因素干扰，产生不利于安全生产的心态、行为等，进而引发习惯性违章现象。有研究[117,118]指出，个人习惯性违章行为引发的事故占较大比例。因此，注重对个人习惯性违章行为的研究分析尤为重要。

目前，对于习惯性违章行为的分析，理论居多，缺少科学验证及实际数据支撑，其理论的实用性、客观性及准确性有待考察。国内的一些学者[117,119,120]研究习惯性行为主要采用多主体建模方法（Agent-Based Model and Simulation，ABMS）、解释结构模型（Interpretative Structural Modeling Method，ISM）和层次分析法（Analytic Hierarchy Process，AHP）等几种方法，用以分析工作倦怠、安全注意力和习惯性违章行为（Habitual Violation Behavior，HVB）及其之间的关系，且得出以上三者对违章行为的正向与负向影响规律；而也有学者[121,122]的研究集中于毒瘾和网瘾方面，从行为科学视角研究不安全行为。然而，已有的研究分析方式皆与计算机技术结合程度较低，因此，有必要引入数据挖掘技术，利用耦合关系和关联规则（Association Rule Mining，ARM）思想，深入探讨习惯性违章行为的显式及隐式关联，得到更加全面、准确的分析数据。笔者将在文献研究和实例分析的基础上，利用煤矿井下安全生产检查数据，构建违章行为数据集，提出习惯性违章行为耦合关系分析模型，进而分析违章行为的习惯度，以期为习惯性违章行为管控提供依据。

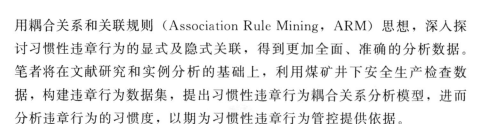

3.1
研究方法

采用 ARM 分析方法和耦合关系分析方法，根据 ARM 与耦合关系的优势，构建习惯性违章行为耦合关系分析模型，进而分析违章行为的习惯度。

（1）ARM 分析　ARM[123~125] 主要用来发现事物之间的联系，包括找出所有频繁项集和产生强关联规则两个步骤。ARM 表达式为 $X \rightarrow Y$，其中，X，Y 两个项集间无交集。其定义如下：

① 项集 $I = \{i_1, i_2, \cdots, i_n\}$　项集是指事务数据库中项的集合，事务集 $T \subseteq I$。

② 频繁项集　项集的支持度大于最小支持度阈值 minsup。若 X，Y 为频繁项集，则满足 $\sup(X \cup Y) \geqslant \text{minsup}$，其中，$\sup(X \cup Y)$ 表示 X，Y 同时出现频率。

关联规则：频繁项集中置信度大于最小置信度阈值 minconf 的项组成的关联集规则。若 $\text{conf}(X \cup Y) \geqslant \text{minconf}$，则 $X \rightarrow Y$ 为关联规则。其中，$\text{conf}(X \rightarrow Y) = \sup(X \cup Y) / \sup(X)$。

（2）耦合关系分析　习惯性违章行为的耦合关系分析需要借助耦合对象相似度（Coupled Object Similarity，COS）思想[126,127]。COS 法作为一种相似性的分析方法，因其全面性、综合性，在各领域的应用情况较为良好[128~130]。设已给定的信息集 S，属性 A_j 为 S 的一个属性，x，y 分别为属性 A_j 的 2 个子集。内耦合属性值相似度（Intra-Coupled Attribute Value Similarity，IaAVS）是属性 A_j 中 x，y 的出现频率。其定义如下：

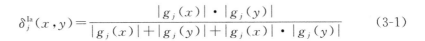

$$\delta_j^{\mathrm{Ia}}(x,y) = \frac{|g_j(x)| \cdot |g_j(y)|}{|g_j(x)| + |g_j(y)| + |g_j(x)| \cdot |g_j(y)|} \tag{3-1}$$

式中，$g_j(x)$ 和 $g_j(y)$ 为属性 A_j 中值为 x，y 的项目集合；$|g_j(x)|$ 和 $|g_j(y)|$ 为对应子集合的统计频数。

IaAVS 仅考虑属性内的属性值，并未考虑属性间的耦合。因而，间耦合属性值相似度（Inter-Coupled Attribute Value Similarity，IeAVS）综合考虑了属性 A_j 下属性值为 x，y 时在其他属性的分布情况。其定义如下：

$$\delta_j^{\mathrm{Ie}}(x,y) = \sum_{K=1, k \neq j}^{l} \alpha_k \delta_{j|k}(x,y) \tag{3-2}$$

式中，α_k 为属性 A_k 的权重参数；$\delta_{j|k}(x,y)$ 是指属性值为 x 和 y 在其他属性的相似度，其定义如下：

$$\delta_{j|k} = \sum_{v_k \in \cap} \min\{P_{k|j}(\{v_k\} \mid v_j^x), P_{k|j}(\{v_k\} \mid v_j^y)\} \tag{3-3}$$

式中，$\cap$ 为属性 j 上 x，y 在其他属性上的交集；v_k 为 $\cap$ 的一个取值；$P_{k|j}$ 为在 x 条件下属性 k 上的值为 v_k 的概率，其公式如下：

$$P_{k|j}(w \mid x) = \frac{|g_k(w) \cap g_j(x)|}{|g_j(x)|} \tag{3-4}$$

则属性 A_j 的属性值 x 和 y 之间的耦合相似度（Coupled Attribute Value Similarity，CAVS）的定义如下：

$$\delta_j^{A}(x,y) = \delta_j^{\mathrm{Ia}}(x,y) \cdot \delta_j^{\mathrm{Ie}}(x,y) \tag{3-5}$$

由式（3-5）可知，CAVS 同时融合内耦合与间耦合，能准确定位具有共性频率的隐式关联关系。

3.2
习惯性违章行为耦合关联模型构建

3.2.1　问题描述

习惯性违章行为数据形式杂乱，且类型多样。通过对数据的观察与实际情况分析可知，所需数据集中于日期型、连续型以及标称型 3 种。为简化计算复杂度，以多属性离散型数据为研究对象，研究形成因素并建立模型。

3.2.2　模型构建思路

根据源数据状态及习惯性违章行为的分析需求，可将分析过程归纳为 3 个阶段：

（1）规范化源数据集　识别缺失值与异常值且处理、数据离散化。

（2）建立耦合关联度矩阵　根据数据集中违章类型的分布，建立属性 CAVS 向量。

（3）建立习惯性违章行为耦合关系模型　计算各属性习惯度，并选出最值，构建模型。

3.2.3　算法分析

（1）数据规范化　规范化操作集中于缺失值与异常值的判别与处理。根据数据分布状态及现实情况判别每项记录，若当前记录值为 $\{m \mid m = null\}$，则判定为缺失值，表示为：

$$D(i,j)=\begin{cases}1 & m_{i,j}\neq\{\varnothing\}\\2 & m_{i,j}\in\{\varnothing\}\end{cases} \tag{3-6}$$

式中，$D(i,j)$ 为数据集 (i,j) 处的数据状态，2 为缺失点，1 为正常点。若当前记录为数值型，根据其现实意义，得知其上、下界为 $b1$ 与 $b2$，则 $m_{i,j}\in(0,b1]\cup(b2,+\infty]$ 视为异常值情况，表示为：

$$D(i,j)=\begin{cases}3 & m_{i,j}=0\\3 & m_{i,j}\in(0,b1]\cup(b2,+\infty)\\1 & m_{i,j}\in(b1,b2]\end{cases} \tag{3-7}$$

式中，3 为异常值点。

根据矩阵 D 中记录值异常或缺失的分布状态，进行缺失值处理，即：

$$L_{i,j}=\begin{cases}E(m_j) & m_j \ 连续型\\M(m_j) & m_j \ 离散型\end{cases} \tag{3-8}$$

式中，$L_{i,j}$ 为填充值；$E(m_j)$ 为 j 列属性平均值；$M(m_j)$ 为 j 列频率最大值。

由于数据类型的多样性，导致计算量庞大，因而需要对数据进行标准化操作。针对离散属性，根据领域专家建议，建立违章行为相关向量 $\boldsymbol{A}$ 等，向量中每项都有其对应的属性值子集，即：

$$\text{itemset}_{i,j}=A_w,m_{i,j}\in A_{pw} \tag{3-9}$$

式中，A_w 为分类的标识符常量；A_{pw} 为该行为下的行为方式向量。

同理，针对连续属性，设置属性宽度域值 η_i，并运用等宽法对其离散化且建立属性离散化数据向量，$B=\{B1,B2,\cdots\}$，$B_{p_i}=\{d1,d2,\cdots\}$ 为属性 B_i 下的各个阶段标识，$d1\in[b1,b1+\eta i)$，$d2\in[b1+\eta i,b1+2\eta i)$ 等。

$$m_{i,j} = B_i, m_{i,j} \in B_{p_i} \tag{3-10}$$

式中，B_i 为离散型数据分类的标识常量；B_{p_i} 为 B_i 属性下的属性值。对于数据集的日期型数据，根据数据集状况的不同，采用不同方式转换为连续属性，以便于离散化操作。

（2）耦合关联向量　根据违章类型分布情况，建立违章行为属性的间耦合关联度向量。形如下式：

$$I(c_{A_i}(x)) = \begin{cases} R(A_i, x) & c_{A_i}(x) = 1 \\ \delta_j^{le}(x_i, x_k) \cdot \delta_j^{la}(x_i, x_k) & c_{A_i}(x) > 1 \\ 0 & c_{A_i}(x) = 0 \end{cases} \tag{3-11}$$

式中，$c_{A_i}(x)$ 为属性 A_i 中 x 的出现次数；$R(A_i, x)$ 为 $x \to A_i$ 的置信度。据式（3-11）建立耦合关联度向量 θ_{ij}：

$$\theta_{ij} = \{ S(I(x_i, x_k))/c_{A_i}(x), S(I(y_i, y_k))/c_{A_i}(y), \cdots \} \tag{3-12}$$

式中，$R \in [1, n]$ 且 $k, j \in R$。则构建违章行为的耦合关联度向量，可准确分析各属性的习惯影响程度。

（3）耦合关联模型构建　根据式（3-12）所建关联度向量，排序且形成 n 级关联度向量，关联度为违章行为的习惯影响度，即：

$$H_{N_i} = \{ m_N(\theta_{i1}), m_N(\theta_{i2}), \cdots \} \tag{3-13}$$

式中，H_{N_i} 为违章行为 i 的第 N 级关联度向量，其中，$N \in [1, m]$，$m_N(\theta_{ij})$ 为向量 θ_{ij} 大小排序为 N 的数据。通过分析违章行为的 n 级关联度向量，得出各属性对违章行为的习惯影响度。

（4）算法步骤　习惯性违章行为分析算法采用数据集 itemset 为 $m \times n$ 数据表形式，违章行为分为 E 类，以下为算法描述。

① 规范 itemset 数据集

a. 扫描 itemset，建立与数据表同样大小的判别矩阵 D，初始值均为 1，为无缺失值/无异常值。

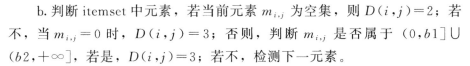

b. 判断 itemset 中元素，若当前元素 $m_{i,j}$ 为空集，则 $D(i,j)=2$；若不，当 $m_{i,j}=0$ 时，$D(i,j)=3$；否则，判断 $m_{i,j}$ 是否属于 $(0,b1]\bigcup(b2,+\infty]$，若是，$D(i,j)=3$；若不，检测下一元素。

c. 若当前元素 $D(i,j)\neq 1$。当 $m_{i,j}$ 为连续属性，则矩阵 $m_{i,j}=E(m_j)$；当 m_j 为离散属性，则 $m_{i,j}=M(m_j)$。

d. 根据数据集属性及专家估计，为离散属性建立向量 A，$A=\{A1,A2,\cdots,AE\}$，其中，$A_o=\{a1,\cdots,an\}$；连续属性建立向量 $B=\{B1,\cdots,Bn\}$，$B_p=(a,a+\eta_i)$。

e. 矩阵 itemset 离散化，辨别当前元素 $m_{i,j}$ 类型，若为离散属性且 $m_{i,j}\in A_{pi}$，则 $m_{i,j}=A(i)$；若为连续属性且 $m_{i,j}\in B_{p_i}$，则 $m_{i,j}=B(i)$。

② 求解所有违章行为的耦合关联向量

a. 将 itemset 表中内容分别根据违章行为类型存入 n 个矩阵 A_i_subset，其中，$i=1,2,\cdots,n$。

b. 扫描 A_i_subset，计算违章行为 A_i 与属性的间耦合关联度且存入 Illegal 向量中。统计当前属性值个数 $appear_{xj}$，若 $appear_{xj}=1$，$Illegal_{Ai}J(x)=R(A_i,x)$；若 $appear_{xj}>1$，$Illegal_{Ai}J(x)=\delta_j^{Ia}(x,y)\times\delta_j^{Ie}(x,y)$；当 $appear_{xj}=0$，$Illegal_{Ai}J(x)=0$。

c. 计算所有违章行为耦合关联度向量 θ_{ij}，$\theta_{ij}=\{s(I(xi,xk))/appear_{xj},s(I(yi,yk))/appear_{xj},\cdots\}$。

③ 构建习惯性违章行为的耦合关系模型

a. 对所有耦合关联度向量 θ_{ij} 对各向量进行从大到小的排序，$\theta_{ij}=\{max1,max2,\cdots\}$。

b. 根据耦合关联度向量 θ_{ij} 得到 n 级向量，$HabitN=\{maxN.\theta_{i1},maxN.\theta_{i2},\cdots\}$。

（5）时间复杂度分析　由习惯性违章行为分析的算法步骤可知，检测 $m\times n$ 数据集的次数至少为 $O(4\times size(itemset))$。该算法对缺失值及异常值进行检测与处理，所以，$m\times n$ 数据集检测次数大致为 $O(size(itemset)+size(itemset)\times\varphi)$。而数据的耦合关联向量求解中，检测数据集所需要次数大致为 $O(size(itemset)\times E)$。因此，理论上，异常值与缺失值密度越大或违章行为分类不够精简都会加长算法运行时间。

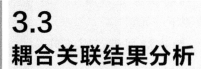

3.3
耦合关联结果分析

3.3.1 数据集

习惯性违章行为耦合关联分析模型主要实现违章信息的分析与推导，为此，采用某矿矿工违章信息数据集进行违章行为的习惯性分析，将数据均分为 4500 份，3000 份用于训练模型，1500 份来验证。数据集状态标准见表 3-1。

表 3-1 数据集状态标准

违章类型 A	违章行为关键词	年龄类型 B	取值范围/岁	文化程度类型 C	学历	岗位工龄 D	取值范围/年
A1	参加会议不规范	B1	≤30	C1	小学	D1	≤5
A2	穿戴工作服不规范	B2	[31,40]	C2	初中	D2	[5,10]
A3	行为不规范	B3	[41,50]	C3	高中	D3	[11,15]
A4	安全隐患排查不细	B4	[51,60]	C4	专科	D4	[21,25]
A5	卫生不符合要求	B5	≥60	C5	本科	D5	[26,30]

至此，所建立的模型以及文中提到的所有分析操作皆基于此数据集。

3.3.2 数据分析

采用耦合关联度分析方法研究属性对违章行为的习惯性影响程度，得出频繁出现的违章行为类型。

表 3-2 违章行为 Ai 各属性的间耦合关联度

违章类型 A	年龄 B					文化程度 C					岗位工龄 D				
	B1	B2	B3	B4	B5	C1	C2	C3	C4	C5	D1	D2	D3	D4	D5
A1	0.31	0.28	0.01	0.11	0	0.08	0.23	0.31	0.03	0.10	0.36	0.23	0.07	0.03	0.10
A2	0.03	0.34	0.04	0.27	0.15	0.01	0.42	0.13	0.10	0.06	0.17	0.16	0.13	0.01	0.06
A3	0.20	0.18	0.31	0.10	0.05	0.10	0.31	0.22		0.06	0.17	0.14	0.09	0	0.06
A4	0.16	0.36	0.21	0.05	0.13	0	0.54	0.32	0.01	0.05	0.22	0.24	0.13	0.01	0.03
A5	0.25	0.05	0.36	0.17	0.03	0.03	0.25	0.19	0.11	0.01	0.23	0.14	0.09	0.07	0.24

表 3-2 显示，A1"参加会议不规范"违章行为集中于年龄在 40 岁以下的矿工；A2"穿戴工作服不规范"违章行为集中于年龄在 31～40 岁和 51～60 岁的矿工；A3"行为不规范"、A4"安全隐患排查不到位"的违章行为集中于文化程度在初中和高中/中专/技校的矿工；A2"穿戴工作服不规范"、A4"安全隐患排查不到位"的违章行为分别集中于岗位工龄在 5 年之内和 5～10 年的矿工；进而形成违章行为的一级模型即 A1＝{B1,C3,D1}，则所得一级模型应解释为违章行为 A1 的矿工通常在 30 岁以内，高中、中专/技校的学历，工龄在 5 年之内。这里只对形成的一级模型进行描述分析。

3.4
习惯性违章行为耦合关联模型评价

文中采用的评价指标包括召回率、精确率和平均绝对值误差（Mean Absolute Error，MAE），针对当前数据集，分别对文中模型与 ARM 的 3 个指标进行求解，且对比两者的指标结果。

3.4.1 召回率

召回率（R）也称查全率，表示原始样本中正例有多少被预测正确。

$$R = \frac{T_P}{T_P + T_N} \tag{3-14}$$

式中，T_P 为判断正确的正例个数；T_N 为判断正确的负例个数。

3.4.2 精确率

精确率（P）是指预测正样本中有多少为正样本。

$$P = \frac{T_P}{T_P + F_P} \tag{3-15}$$

式中，F_P 为判断错误的正例个数。

3.4.3 MAE

MAE 是将所有单个观测值与算术平均值的偏差的绝对值平均。

$$\text{MAE} = \frac{1}{n} \sum_{i=1}^{n} |Y_i - Y_p| \tag{3-16}$$

式中，Y_i 为第 i 个实际值；Y_p 为第 p 个预测值。

表 3-3　ARM 与耦合关联度分析结果对比

分析方法	数据集		
	召回率 R	精确率 P	MAE
ARM	0.58	0.51	0.64
耦合关联分析	0.78	0.86	0.30

表 3-3 中显示，耦合关联度分析模型的 3 个指标分别明显优于 ARM。分析结果表明，与 ARM 分析相比，该模型更为详尽、准确，可明确

表示习惯性违章行为影响因素的倾向，分析效果良好；基于对数据集的分析结果可知，年龄在 30 岁以内、学历为初中和高中、工龄在 5 年之内的矿工，其安全习惯较差，应采取安全教育等防控措施。

4

习惯性违章行为
形成机理分析

4.1
高危岗位矿工习惯性违章行为影响因素调研

　　研究结合以下三种方法初步确定影响高危岗位矿工习惯性违章行为的主要因素。

　　(1) 观察高危岗位矿工现场作业行为，将其习惯性违章行为、影响因素及结果按作业流程进行系统记录。

　　(2) 分析近十年与瓦斯事故相关的文献和案例，根据 STAR（背景、任务、行动、结果）原则，总结归纳高危岗位矿工习惯性违章行为的主要影响因素。

　　(3) 与阜矿集团资深安全管理人员和高危岗位矿工代表面对面谈话，了解高危岗位矿工习惯性违章行为的形成原因。在开放式访谈前，事先拟定好访谈计划，确定好谈话主题，在谈话过程中对谈话人员适当地引导，并把握住谈话内容和方向，在经对方许可后，用录音笔将谈话内容记录下来，采用主题分析法，提炼出高危岗位矿工习惯性违章行为影响因素。

将上述三种调研方法得到的结果进行总结归纳，找出出现频次较高的因素。初步得到高危岗位矿工习惯性违章行为的影响因素，见表 4-1。

表 4-1　高危岗位矿工习惯性违章行为影响因素调研汇总结果

影响因素	具体内容
高危岗位矿工自身因素	包括心理(情绪和性格)、生理(体能、知觉能力等)、知识技能、安全意识、安全自制力、年龄、受教育程度、工龄等特征因素
作业环境因素	包括作业现场的物理条件(噪声、温度、湿度、环境布置等)、机器设备的本质安全化程度、工作任务特征、作业流程及规程合理度、煤矿企业以往事故等特征因素
组织管理因素	包括安全管理制度、安全教育培训投入、组织承诺(包括管理者对安全的态度和看法及对安全管理的实际行动)、安全氛围、示范性行为(师带徒)等特征因素
社会因素	包括高危岗位矿工家庭-工作平衡度、社会支持、社会对安全的态度和观念、国家安全法律法规的完善度及落实度等特征因素

高危岗位矿工习惯性违章行为受高危岗位矿工生理、心理等因素制约，也难以避免地受自然作业环境和机器装备性能影响。对煤矿企业来说，自然条件和机器装备设施是构成作业环境的重要内容，可间接甚至直接影响人的生理和心理活动。而高危岗位矿工安全素养和组织管理水平间又存在相互制约关系，良好的组织管理方式会有效提高高危岗位矿工安全素养，高危岗位矿工安全素养反过来又直接影响组织管理效率，安全素养越高，越会主动服从和参与安全管理，组织管理的难度就会相应降低，管理效率就会提高。

结合研究目的和调研结果，重点确定并关注煤矿系统内的影响因素，即高危岗位矿工自身因素、作业环境因素和组织管理因素 3 个二级因素15 个三级因素，具体见表 4-2。

表 4-2　习惯性违章行为主要影响因素

分类	高危岗位矿工自身因素	作业环境因素	组织管理因素
影响因素	安全意识 S4 安全知识技能 S2 安全自制力 S5 受教育程度 S1	作业流程及规程 S8 物理环境特征 S6 机器装备特征 S11	组织承诺 S10 安全氛围 S15 安全监管制度 S12 安全教育培训 S9

续表

分类	高危岗位矿工自身因素	作业环境因素	组织管理因素
影响因素	工龄 S3 安全自觉性 S14 生理疲乏 S7		示范性规范 S13

4.2
习惯性违章行为影响因素的 ISM 递阶结构图分析

结构分析是系统分析的重要内容，是系统优化分析、设计与管理的基础。高危岗位矿工习惯性违章行为的形成受诸多因素影响，为了厘清这些因素及其对习惯性违章行为的影响，需要构建高危岗位矿工习惯性违章行为影响因素的系统结构模型。解释结构模型（Interpretive Structure Model，ISM）技术是一种静态的定性模型分析技术，它以图论为基础，通过建立系统关键要素关系表，构造系统要素关系矩阵，通过矩阵分解确定系统问题的子系统及要素分布情况，最终用多级递阶结构模型表示原型系统，明确原型系统的层次和整体结构，提高对原型系统的认识和理解程度[131]。

研究利用 ISM 技术来分析高危岗位矿工习惯性违章行为系统，目的是挖掘系统主要影响因素的递阶结构，建立高危岗位矿工习惯性违章行为影响因素概念模型，为下一步定量分析提供基础。

4.2.1 多级递阶结构模型构建

（1）确定各因素两两间的逻辑关系 在行为科学理论和实地访谈基础上，结合表 4-2，建立各因素间的逻辑关系表，据此构造该系统问题的邻接矩阵 **A**，邻接矩阵 **A** 是一个布尔矩阵，满足布尔运算法则，它的元素

r_{ij} 取值只有"0"或"1",反映各因素间的直接作用关系,"1"表示两个因素间存在直接作用关系,"0"表示两个因素间不存在直接作用关系。

$$
A = \begin{bmatrix}
0 & 0 & 1 & 0 & 0 & 0 & 0 & 0 & 0 & 0 & 1 & 0 & 1 & 0 & 0 \\
1 & 0 & 1 & 0 & 0 & 0 & 0 & 0 & 0 & 0 & 1 & 0 & 1 & 0 & 0 \\
1 & 0 & 0 & 0 & 0 & 0 & 0 & 0 & 0 & 0 & 1 & 0 & 1 & 0 & 0 \\
1 & 1 & 1 & 0 & 0 & 1 & 0 & 0 & 0 & 0 & 0 & 0 & 0 & 0 & 0 \\
1 & 1 & 1 & 0 & 0 & 1 & 1 & 0 & 0 & 0 & 0 & 0 & 1 & 0 & 0 \\
1 & 0 & 1 & 0 & 0 & 0 & 1 & 0 & 0 & 0 & 1 & 0 & 1 & 0 & 0 \\
1 & 0 & 1 & 0 & 0 & 1 & 0 & 0 & 0 & 0 & 1 & 0 & 1 & 0 & 0 \\
0 & 0 & 1 & 0 & 0 & 1 & 1 & 0 & 0 & 0 & 0 & 0 & 1 & 0 & 0 \\
0 & 0 & 1 & 0 & 0 & 1 & 1 & 0 & 0 & 0 & 0 & 0 & 1 & 0 & 0 \\
1 & 1 & 1 & 0 & 0 & 1 & 0 & 0 & 0 & 0 & 1 & 0 & 1 & 1 & 0 \\
1 & 0 & 1 & 0 & 0 & 0 & 0 & 0 & 0 & 0 & 0 & 0 & 0 & 0 & 0 \\
1 & 0 & 1 & 0 & 0 & 1 & 0 & 0 & 0 & 0 & 1 & 0 & 1 & 0 & 0 \\
1 & 1 & 1 & 0 & 0 & 0 & 1 & 0 & 0 & 0 & 0 & 0 & 0 & 0 & 0 \\
1 & 1 & 1 & 0 & 0 & 1 & 0 & 0 & 0 & 0 & 1 & 0 & 1 & 0 & 0 \\
1 & 1 & 1 & 0 & 0 & 0 & 0 & 1 & 1 & 0 & 1 & 1 & 1 & 1 & 0 \\
\end{bmatrix}
$$

(2)划分各因素间层级关系

① 生成可达矩阵 M　可达矩阵 M 是反映表 4-2 中各因素经过一定路径可到达彼此的程度,矩阵元素取值也只有"0"或"1","1"表示可到达,"0"表示不可到达。根据布尔矩阵运算规则,由邻接矩阵 A 与单位矩阵 I 求和,并对 $(A+I)$ 进行幂运算,直至 $M = (A+I)^{n+1} = (A+I)^n \neq (A+I)^{n-1}$ 时,矩阵 $M = (A+I)^n$ 则为可达矩阵。通过 Matlab7.0 计算,可得出该系统的 $M = (A+I)^3$。

② 层级划分　在 M 中,依据 $R(S_i) \bigcap A(S_i) = R(S_i)$ 条件自上而下地划分高危岗位矿工习惯性违章行为影响因素层级。得出:习惯性违章行为影响因素的第 1 级节点 $L_1 = \{1,2,3,6,7,11,13\}$;第 2 级节点 $L_2 = \{4,5,8,9,12,14\}$;第 3 级节点 $L_3 = \{10,15\}$。

根据以上分析结果,高危岗位矿工习惯性违章行为影响因素的 ISM 模型具有 3 级递阶结构,各因素相互影响相互制约,如图 4-1 所示。

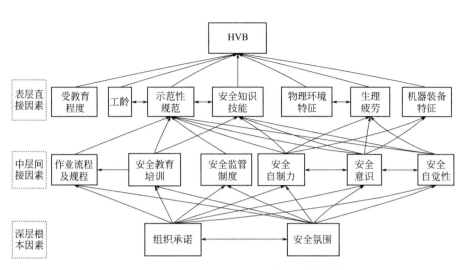

图 4-1　习惯性违章行为影响因素解释结构模型

（3）主要影响因素的关系结构分析

① 表层直接影响因素　表层直接影响因素涉及高危岗位矿工自身、作业环境和组织管理因素三方面，具体包括：受教育程度、工龄、安全知识技能、生理疲乏、物理环境特征、机器装备特征、示范性规范。工龄、示范性规范和安全知识技能形成一个强连通块，三者相互影响。物理环境特征和生理疲乏也形成一个强连通块，二者相互影响。机器装备特征也影响高危岗位矿工生理因素。通常工龄较长的高危岗位矿工对井下作业习以为常，按经验办事，在作业中经验就成为习惯。而且，这部分高危岗位矿工中技能相对熟练的都成了师傅，在指导徒弟作业时，会无意识地将习惯性违章的经验传授给徒弟。作业环境因素中，机器设备和防护装备设计不符合人体力学、维护不及时等缺陷，会影响高危岗位矿工安全自制力，促进生理疲劳，使高危岗位矿工在作业中的感知和判断出现差错，甚至只有习惯性违章才能顺利完成任务。另外，物理环境主要指作业场所的噪声强度、温度、湿度、光线等，高噪声会导致高危岗位矿工意识混乱，而不好的光线又会加重高危岗位矿工生理疲劳，降低高危岗位矿工安全自制力水平，提高作业差错率，引起习惯性违章行为。结果与以往研究认为导致事故发生的直接因素是"人、环、管"一致[132]。

② 中层间接影响因素　中层影响因素同样涉及高危岗位矿工自身、作业环境和组织管理因素三方面。具体包括：安全意识、安全自制力、安

全自觉性、作业流程及规程、安全监管制度和安全教育培训。安全教育培训影响作业流程及规程合理度。安全自制力、安全意识和安全自觉性形成一个强连通块，三者相互影响。同时，安全意识影响高危岗位矿工安全自觉性。高危岗位矿工安全意识淡薄、安全自制力低下、安全自觉性低是高危岗位矿工自身因素中较重要的三个因素，它们对高危岗位矿工习惯性违章行为影响较大。安全意识和安全自觉性相互影响，安全意识低下的高危岗位矿工容易产生惰性、侥幸、麻痹等不良心理状态，对安全持有"违章不一定出事故，即使出事故也不一定伤及到我"的想法，这样就导致最初有意识的违章，逐渐转变成经验，经验后来又转变成习惯。作业流程及规程设计的不合理性，必然会导致高危岗位矿工在作业中为了任务有悖于它，形成习惯性违章。安全监管制度从一定程度上可以有效地控制最初状态的有意识违章，提高高危岗位矿工安全自制力，进而杜绝习惯性违章的产生，但是不完善的监管制度，反而会让高危岗位矿工钻空子，促进习惯性违章行为产生。安全教育培训可以通过影响高危岗位矿工安全意识和安全知识技能水平进而影响习惯性违章行为，良好的安全教育培训可以唤起高危岗位矿工的安全意识，使高危岗位矿工主动投入到行为安全管理中，相反，则会固化高危岗位矿工违章行为。

总之，中层影响因素通过表层影响因素对习惯性违章行为产生影响，同时反映了对表层影响因素的制约作用。

③ 深层根本影响因素　深层影响因素全部集中于组织管理因素，说明煤矿企业安全氛围和组织承诺对高危岗位矿工习惯性违章行为的影响是长远的、根本的，且组织承诺度和班组安全氛围形成一个强连通块，二者相互影响。良好的安全氛围可以提高管理者和高危岗位矿工的安全意识，提高他们作业现场行为决策的合理度，进而降低高危岗位矿工习惯性违章行为水平。而煤矿企业提高组织承诺度后，便会在作业环境和组织管理水平方面体现出安全投入，它一方面直接影响煤矿井下物理环境和机器装备的安全度，另一方面可有效提高组织管理与煤矿安全生产的契合度，使得煤矿安全生产不仅注重生产效益而且注重安全效益。通过这两方面安全环境塑造和管理水平提升的强有力保障，可以有效降低高危岗位矿工习惯性违章行为水平。

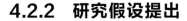

4.2.2　研究假设提出

根据理论结果结合实践分析，提出如下假设 H，假设汇总见表4-3。

表 4-3　假设汇总

总假设	分假设
H_1:高危岗位矿工自身因素影响高危岗位矿工习惯性违章行为	$H_{1.1}$:安全意识负向影响高危岗位矿工习惯性违章行为
	$H_{1.2}$:安全知识技能负向影响高危岗位矿工习惯性违章行为
	$H_{1.3}$:安全自制力负向影响高危岗位矿工习惯性违章行为
	$H_{1.4}$:受教育程度负向影响高危岗位矿工习惯性违章行为
	$H_{1.5}$:工龄负向影响高危岗位矿工习惯性违章行为
	$H_{1.6}$:安全自觉性负向影响高危岗位矿工习惯性违章行为
	$H_{1.7}$:生理疲乏正向影响高危岗位矿工习惯性违章行为
H_2:作业环境因素影响高危岗位矿工习惯性违章行为	$H_{2.1}$:作业流程及规程负向影响高危岗位矿工习惯性违章行为
	$H_{2.2}$:物理环境特征负向影响高危岗位矿工习惯性违章行为
	$H_{2.3}$:机器装备特征负向影响高危岗位矿工习惯性违章行为
H_3:组织管理因素影响高危岗位矿工习惯性违章行为	$H_{3.1}$:组织承诺负向影响高危岗位矿工习惯性违章行为
	$H_{3.2}$:安全氛围负向影响高危岗位矿工习惯性违章行为
	$H_{3.3}$:安全监管制度负向影响高危岗位矿工习惯性违章行为
	$H_{3.4}$:安全教育培训负向影响高危岗位矿工习惯性违章行为
	$H_{3.5}$:示范性规范负向影响高危岗位矿工习惯性违章行为

　　在采用实证分析验证研究假设之前，需明确高危岗位矿工习惯性违章行为影响因素系统包含哪些主要变量。根据假设汇总表，可看出高危岗位矿工习惯性违章行为影响因素系统包含的主要变量为：习惯性违章行为、安全意识、安全知识技能、安全自制力、受教育程度、工龄、安全自觉性、生理疲劳、作业流程及规程、物理环境特征、机器装备特征、组织承诺、安全氛围、安全监管制度、安全教育培训、示范性规范。潜变量为：

习惯性违章行为、安全意识、安全知识技能、安全自制力、安全自觉性、生理疲乏、作业流程及规程、物理环境特征、机器装备特征、组织承诺、安全氛围、安全监管制度、安全教育培训、示范性规范。显变量为：人口统计学变量，如高危岗位矿工受教育程度、工龄。下文将对各变量属性进行设定，并设计开发潜变量的测量问卷。

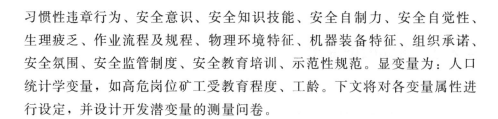

4.3
问卷编制和数据获取程序

4.3.1　问卷编制过程

问卷编制过程严格遵守心理测量学要求，首先对假设中涉及的潜变量进行操作化，根据操作化定义，设计问卷测量项目；其次对问卷进行初测，根据数据信效度分析结果修改问卷，直到形成正式问卷。具体编制过程和所采用方法如下。

首先，参考国内外目前较成熟的相关量表，对职业特征相似群体的相关量表内容作出记录。同时，结合近几年煤矿瓦斯事故案例，从中分析各变量的行为表现特征，将分析报告中涉及的相关变量行为描述语句记录下来。在此基础上，深入煤矿企业进行访谈。

（1）访谈目的　综合文献资料分析和事故案例分析结果，初步明确了各变量的行为描述特征。采用开放式访谈法，针对具体事件，获取影响高危岗位矿工习惯性违章行为因素的行为描述项目，形成高危岗位矿工习惯性违章行为相关变量调查问卷。在访谈开始前，结合访谈目的和被访谈对象特征，编制访谈提纲。

（2）访谈对象　选取阜矿集团旗下煤矿的高危岗位矿工，以及与其密切接触的上级领导、工友和下属。采用随机抽样的方法抽取 20 名访谈对象。

（3）访谈过程　第一步，访谈：①给被访谈者呈现综合的高危岗位矿工习惯性违章行为影响因素变量概念；②讨论此概念；③被访谈者理解概念后按访谈提纲提问并及时追问。在此访谈过程中尽量使用通俗的语言和高危岗位矿工进行沟通交流，并在取得对方同意的情况下，将谈话内容录音。第二步，访谈资料编码（由心理学专业博士进行）：①抽取典型访谈记录，独立编码后形成基础编码本；②依据基础编码本尽可能抽取所有相关行为描述项目；③对独立抽取的习惯性违章行为影响因素变量项目再进行讨论、合并、频次统计和分析、修改，得到初始的高危岗位矿工习惯性违章行为相关变量调查问卷。第三步，修订问卷项目，请心理学教师和心理学研究生对项目的适当性和问卷的科学性进行评定，将不易理解或意思相近的项目标示出来。在小样本调查基础上通过进一步的项目分析修订初始量表，进而对抽样煤矿高危岗位矿工进行大样本施测，对调查数据进行探索性因素分析和验证性因素分析，最终形成适合高危岗位矿工群体的、可用于大规模发放的简洁有效的高危岗位矿工习惯性违章行为相关变量的正式问卷。在此基础上，针对该问卷进行信效度分析，构建高危岗位矿工习惯性违章行为影响因素的结构方程模型。

4.3.2　问卷项目内容及维度设定

根据 4.3.1 的研究结果，将假设中涉及的主要变量进行设计，如表 4-4 所示。

表 4-4　习惯性违章行为影响因素变量设计

影响因素分类	操作化定义	题项设计
安全意识 S_1	主要反映了高危岗位矿工作业中的安全认知、安全注意力和安全警觉性	有些自己控制不了的事,是命运、运气或者其他决定的
		井下作业中的事故是可以预防和避免的
		在井下作业中随时保持安全警觉很重要
		如果一干活就先考虑安全,活就很难干完
		只要遵守安全规章制度,事故是可以避免的
		瓦斯事故不是高危岗位矿工可以避免的

续表

影响因素分类	操作化定义	题项设计
安全知识技能 S_2	高危岗位矿工对安全开采技术、生产设备操作熟练度、开采环境安全状况了解度	我掌握了井下作业应有的知识技能
		熟练的知识技能有助于我安全作业
		在遇到突发情况时能熟练应对
安全自制力 S_3	高危岗位矿工作业中控制自己情绪和有意违章倾向的能力	只要决定的事,无论多难都会努力做好
		下班前,能控制好情绪交好班,晚一会下班也行
		排队买票时,看到有人插队,易冲动
受教育程度 S_4		①小学;②初中;③高中或中专;④高中以上;⑤其他
工龄 S_5		时间(单位:年)
安全自觉性 S_6	高危岗位矿工自愿遵章的程度,主要体现为高危岗位矿工安全责任感	许多做法操作规程不允许,但做了也没有事
		没有安全人员监督我也会自觉做到安全生产作业
		省略作业操作程序既省时又省力
		当有人违章操作时,不管是谁,都会指出他的错误
生理疲劳 S_7	高危岗位矿工个体工作负荷过重,身体处于极度疲劳状态,渴望休息,体力被耗尽的感觉	经常倒班,生活不规律
		早晨起床不得不面对一天的工作时,感觉非常累
		生活中常常感到很疲劳
作业流程及规程 S_8	强调作业流程及规程设计的缺陷性	很多作业程序都让人难以接受
		活多人少,严格按照作业规程很难完成任务
		领导要求按照他说的流程和规程去做
物理环境特征 S_9		井下高温环境很容易让我烦躁
		井下嘈杂的环境让我感觉大脑混乱,意识不清
		改善物理环境有助于我们的作业进度和效率

续表

影响因素分类	操作化定义	题项设计
机器装备特征 S_{10}	机器使用、更新与维护	井下的安全设施和劳动防护用品落后和不足
		安全防护用具很麻烦，懒得用
		我的安全防护用具都会定期进行更换
组织承诺 S_{11}	强调煤矿组织对安全的重视及对员工的凝聚力	井下只要存在安全隐患，领导就会及时排查和解决
		干部只问结果，不管实际情况，强迫工人干活
		企业工会经常帮助我们解决家庭困难问题
		企业的合理的安全行为规范对我的影响和约束作用很大
		我所在的企业做出安全决策时，都会考虑我们员工的利益
		管理者的安全意识影响我的安全意识
安全氛围 S_{12}	思维习惯与行为习惯	在例行会议里，安全问题每次都被谈到
		班组里的每位员工对安全都负有极大的责任
		如果某人违章操作，班组其他人都会对他进行批评和指正
		班组每周都会评选出优秀安全绩效的榜样
		班组定期给我们开展安全培训
安全监管制度 S_{13}	强调制度设计、执行的有效性	总能感觉到单位上层领导对安全的重视
		基层管理者能够严格执行安全管理制度
		发现安全隐患时，管理者会迅速采取解决措施

影响因素分类	操作化定义	题项设计
安全教育培训 S_{14}	强调安全教育培训的方式及效果	接受安全教育与培训,对我的安全意识有很大影响
		培训讲授的知识技能很容易忘记
		模拟演练培训对我的安全意识有很大影响
		参不参加培训对我工作没有太大影响
		安全教育培训对员工的安全工作能力影响很大
示范性规范 S_{15}	行为模仿与被动接受	井下作业技术大多是师傅教给我的
		老矿工经验丰富,工作中向老矿工请教经验就可以了
		其他高危岗位矿工就是这么做的

习惯性违章行为由于其隐蔽性很难直接进行测量。根据计划行为理论（TPB），行为意向反映了行为主体执行目标行为的意愿，可用于间接测量目标行为的强度。因此，采用习惯性违章行为意向来间接反映习惯性违章行为水平，包括两个项目：在接下来一年时间里，我会尝试克服习惯性违章；在接下来一年时间里，我会尽可能实施习惯性遵章行为。

为尽可能降低社会称许性反应偏差，研究不仅改进和完善了理论设计和问卷内容的调查方式，而且在调整、修订行为描述项目时，尽可能根据高危岗位矿工岗位特殊性，结合高危岗位矿工的语言习惯，使用中性词语表达。在项目编排时，采用随机原则确定项目序号，尽量避免测量同一概念要素的项目编排在一起。

问卷构成除了高危岗位矿工习惯性违章行为及其影响因素外，还包括高危岗位矿工人口统计学变量，以方便了解高危岗位矿工习惯性违章行为的人口统计学特征。在研究中，人口统计学变量主要是问卷填答者所具有的特征，如年龄、工龄、受教育程度、婚姻状况、工种性质和平均一个月内的惩处次数等内容。确定问卷构成：①个人信息；②行为描述项目。问卷中间是行为项目，左边是高危岗位矿工自身对相应行为符合程度的认识，右边是高危岗位矿工对相应行为对工作重要程度的认识。采用 Likert

5 点计分，"1"代表"非常不符合/非常不重要"，"2"代表"不符合/不重要"，"3"代表"一般"，"4"代表"符合/重要"，"5"代表"非常符合/非常重要"。

4.3.3 调研及数据获取程序

研究在综合考虑统计因素及样本容量选择的经济原则基础上，在施测过程中保证测量项目和样本数量比例略超过 1∶5，符合 SEM 研究的基本要求[133]。

采用整群随机抽样法先后进行 2 次调查，共抽取 12 个煤矿。将选定煤矿企业的高危岗位矿工进行归类列表，根据简单随机原则在成员列表中随机抽取 5 个以上匿名回答问卷。初测发出问卷 500 份，有效问卷 323 份，有效率为 64.5%，经项目分析、信度分析、因子分析后，剔除鉴别力和解释度不高的项目，形成正式问卷。采用相同抽样方法，正式施测发出问卷 1000 份，有效问卷 770 份，有效率为 77%。被调查对象的描述统计结果见表 4-5。

表 4-5　被调查者分布统计（共 770 份）

年龄/岁	n	岗位工龄/年	n	受教育程度	n	婚姻状况	n	事故经历	n
≤25	175	≤5	335	小学	135	已婚	340	有	425
26~30	250	6~10	170	初中	325	未婚	185	无	320
31~35	155	11~15	55	高中或中专	195	离婚	170		
36~40	90	16~20	75	高中以上	65				
41~45	40	21~25	45					缺失值	25
46~50	10	≥26	30	缺失值	50	缺失值	75		
≥51	5								
缺失值	45	缺失值	60						

在每次调查时与合作煤矿有关负责人进行联系，在得到对方单位支持后，利用高危岗位矿工集中培训学习时间，由研究者对所要调查的意义、

内容和方法进行具体说明，并强调该调查属于研究性质，被调查者自愿配合，保证调查结果保密等。等所有高危岗位矿工都明白后开始施测，高危岗位矿工作答完毕后现场收回问卷。

问卷回收后，适时加以编码，建立相关问卷资料的原始数据库，并对无效问卷进行剔除，包括：①回答不完整的问卷；②答案呈明显倾向性、规律性的问卷，如 S 分布的问卷；随后针对正向题部分，将每一题所得分数予以加总，而反向题则予以反向计分，且对数据进行缺失值处理和标准化。接下来，借助统计分析软件 SPSS15.0 和 AMOS7.0，主要通过项目分析、信效度分析、相关分析、探索性因素分析和验证性因素分析，验证研究假设，并构建高危岗位矿工习惯性违章行为的结构方程模型。

4.4
问卷探索性和验证性分析

4.4.1　问卷的探索性分析

（1）项目分析　在进行高危岗位矿工习惯性违章行为相关问卷探索性因素分析之前，首先要采用项目分析净化问卷项目。项目分析重在求出各问卷项目的临界比率值（Critical Ratio，CR），并以 t-test 检验高低二组在各问卷项目上的差异。计算 50 个行为描述项目的总分，采用 SPSS 软件对总分进行排序，找出高低各 27% 的分数点分别为高分组 P 和低分组 Q。对 50 个问卷项目进行高低分组独立样本 t 检验。统计检验结果表明，所编制问卷项目题号 29、46（见附录）的 t 值外侧概率分别为 0.487、0.493，均大于 0.05 的显著水平，表明不具有区分度，予以删除。其余 48 个项目均达到显著性水平（$P < 0.01$），表明均具有良好的鉴别能力，能够鉴别出不同调查对象的反应程度，予以保留。

（2）信度分析　净化完问卷的项目条款后，下一步对问卷采集数据的可信性进行分析。数据可信性通常采用内部一致性信度系数 Cronbach Alpha 值来衡量，该值一般介于 0 和 1 之间，越靠近 1，说明问卷的可信度越高。研究同时采用 Anne M. Smith 提出的 CITC（Corrected Item-Tota Correlation）系数检验法考察问卷信度，当各问卷项目 CITC 值大于 0.4 且潜变量的 Alph 系数在 0.6 以上时，说明用这些操作变量来度量该名义变量是可靠的[134]。

根据 SPSS 统计分析结果发现，高危岗位矿工习惯性违章行为相关问卷的 48 个项目的 CITC 值均大于 0.4，总问卷的 Cronbach Alpha 值为 0.935，且各项目在剔除该项目后的 Cronbach's Alpha 系数均会减小，说明通过筛选后的这 48 个测量项目是可靠的。

（3）探索性因素分析　将所有数据在 SPSS 中按照 50％比例随机分两半，并保证测量项目和样本比例符合结构方程技术要求标准[135]。采用交叉证实法（Cross Validation）检验高危岗位矿工习惯性违章行为相关问卷结构效度。对其中一半数据进行探索性分析，以明晰问卷结构，即对剩余 48 个项目进行探索性因素分析；另一半数据进行验证性分析，以进一步确认问卷结构稳定性。首先进行 KMO 和 Bartlett 球形检验，样本 KMO 值为 0.909，Bartlett 值为 12656.984（df=1035，$p<0.001$），表明数据的相关矩阵不是单位矩阵，可进行因素分析。采用主成分分析法提取共同因子，特征值大于 1 的因素有 13 个，其特征值分别为：4.409、4.107、2.861、2.750、2.689、2.411、2.246、1.962、1.736、1.481、1.233、1.217、1.086，其解释变异量分别为 9.585％、8.929％、6.221％、5.978％、5.846％、5.241％、4.883％、4.265％、3.774％、3.219％、2.680％、2.647％、2.631％，累计约解释总体变异的 65.628％。

因此，筛选后 48 个测量项目归属到 13 个因素上是较为合适的。根据因素分析结果，各项目因素负荷均大于 0.5 的水平，且各项目在各因素上的负荷大小是不同的，探索性因素分析结果见表 4-6。以上结果均表明，高危岗位矿工习惯性违章行为影响因素的相关调查问卷具有良好的结构效度。

表 4-6　探索性因素分析结果（$n=390$）

项目	因素												
	F_1	F_2	F_3	F_4	F_5	F_6	F_7	F_8	F_9	F_{10}	F_{11}	F_{12}	F_{13}
1	0.784												
2	0.751												

续表

项目	因素												
	F_1	F_2	F_3	F_4	F_5	F_6	F_7	F_8	F_9	F_{10}	F_{11}	F_{12}	F_{13}
3	0.723												
4	0.697												
5	0.654												
6	0.632												
7		0.776											
8		0.741											
9		0.724											
10			0.724										
11			0.670										
12			0.631										
13				0.670									
14				0.631									
15				0.621									
16				0.609									
17					0.784								
18					0.779								
19					0.656								
20						0.779							
21						0.656							
22						0.647							
23							0.656						
24							0.647						
25							0.611						
26								0.771					
27								0.663					
28								0.646					
29									0.771				
30									0.663				
31									0.646				
32									0.636				
33									0.628				
34										0.656			

项目	因素												
	F_1	F_2	F_3	F_4	F_5	F_6	F_7	F_8	F_9	F_{10}	F_{11}	F_{12}	F_{13}
35										0.647			
36										0.611			
37										0.603			
38										0.570			
39											0.723		
40											0.697		
41											0.654		
42												0.647	
43												0.611	
44												0.603	
45												0.570	
46													0.654
47													0.632
48													0.617
特征值	4.409	4.017	2.861	2.750	2.689	2.411	2.246	1.962	1.736	1.481	1.233	1.217	1.086
解释方差/%	9.585	8.929	6.211	5.978	5.846	5.241	4.883	4.265	3.774	3.219	2.680	2.647	2.361

从因素分析结果来看，各测量项目均负荷在预期理论维度上。结果说明，一方面测量项目反映了理论维度的行为属性特征；另一方面该高危岗位矿工习惯性违章行为相关变量问卷具有良好的结构效度，采集到的数据可以作为下一步建模分析的依据。

4.4.2 问卷的验证性分析

（1）结构方程模型检验 为进一步考察探索性因素分析得到的高危岗位矿工习惯性违章行为影响因素调查问卷结构的稳定性和可靠性，采用另一半数据对该问卷进行验证性因素分析。在验证前，分层回归分析结果显示相对主要变量，人口统计学变量对总问卷的解释贡献率较低，在设定竞争模型时可忽略，以简化模型。研究设置如下两个竞争模型。

M_1：单因素模型，即问卷的 48 个项目同时负荷于 1 个公因素上。

M_2：十三因素模型，即问卷的所有项目同时负荷于 13 个因素上。

采用 AMOS 进行验证性因素分析，两个模型的各项拟合指数见表 4-7。综合分析，M_2 的各项拟合指数较好。所以，探索性因素分析得到的高危岗位矿工习惯性违章行为影响因素调查问卷的十三维结构是可接受的，再次说明该问卷具有较好的结构效度。

表 4-7　各竞争模型拟合指标比较的 CFA 结果 （$n=390$）

模型	χ^2/df	GFI	AGFI	NFI	RMSEA	CFI	IFI
M_1	11.707	0.774	0.713	0.792	0.117	0.806	0.807
M_2	3.259	0.931	0.905	0.927	0.070	0.943	0.943
指标范围	2～5	>0.9	>0.9	>0.9	<0.08	>0.9	>0.9

（2）各因素及总分相关分析

表 4-8 显示了高危岗位矿工习惯性违章行为影响因素调查问卷各维度的相关系数。问卷各维度与总分的相关在 0.73～0.78 之间；各维度间相关在 0.42～0.57 之间，呈中等程度相关，且低于各维度与问卷总分之间的相关。结果表明问卷具有较好的结构效度。

表 4-8　高危岗位矿工习惯性违章行为各影响因素间的相关系数

因素	F_1	F_2	F_3	F_4	F_5	F_6	F_7	F_8	F_9	F_{10}	F_{11}	F_{12}
F_1	1											
F_2	0.42	1										
F_3	0.42	0.49	1									
F_4	0.42	0.36	0.52	1								
F_5	0.46	0.48	0.46	0.48	1							
F_6	0.42	0.49	0.42	0.49	0.49	1						
F_7	0.45	0.45	0.43	0.45	0.45	0.49	1					
F_8	0.42	0.49	0.39	0.48	0.49	0.45	0.55	1				
F_9	0.48	0.54	0.42	0.49	0.54	0.49	0.49	0.42	1			
F_{10}	0.42	0.51	0.38	0.45	0.51	0.54	0.45	0.45	0.53	1		
F_{11}	0.56	0.49	0.46	0.48	0.49	0.51	0.49	0.46	0.42	0.45	1	

续表

因素	F_1	F_2	F_3	F_4	F_5	F_6	F_7	F_8	F_9	F_{10}	F_{11}	F_{12}
F_{12}	0.52	0.56	0.42	0.59	0.49	0.49	0.54	0.42	0.49	0.42	0.49	1
F_{13}	0.44	0.48	0.45	0.45	0.45	0.49	0.51	0.45	0.45	0.45	0.45	0.47

注：以上相关系数均在 0.01 水平上显著。

（3）信度分析　考察高危岗位矿工习惯性违章行为影响因素调查问卷的同质信度（a 系数）、分半信度，结果如表 4-9 所示。总问卷及各因素的同质信度在 0.824～0.915 之间，分半信度在 0.724～0.827 之间，均高于 0.71，符合心理测量学要求。结果表明高危岗位矿工习惯性违章行为影响因素调查问卷具有较高的内部一致性和测量信度。

表 4-9　高危岗位矿工习惯性违章行为影响因素调查问卷的信度系数

信度系数	安全意识	安全知识技能	安全自制力	受教育程度	工龄	总分
同质信度	0.884	0.861	0.853	0.831	0.824	0.915
分半信度	0.824	0.759	0.738	0.724	0.831	0.827

信度系数	安全自觉性	生理疲乏	作业流程及规程	物理环境特征	机器装备特征	总分
同质信度	0.824	0.759	0.738	0.724	0.724	0.915
分半信度	0.884	0.861	0.853	0.831	0.831	0.827

信度系数	组织承诺	安全氛围	安全监管制度	安全教育培训	示范性规范	总分
同质信度	0.824	0.759	0.738	0.724	0.724	0.915
分半信度	0.884	0.861	0.853	0.831	0.831	0.827

注：以上信度系数均在 0.01 水平上显著。

4.5
习惯性违章行为影响因素的 SEM 模型构建

4.5.1　模型假设

在提出模型假设之前，应该保证所采用数据的质量和模型的有效性。

根据"4.4"的结果，发现 48 个项目很好地负荷在 13 个因素上，该结构模型相对单因素模型拟合较好。因此可以判定，研究中各变量间并未存在同一方法偏差问题，以此数据得出的高危岗位矿工习惯性违章行为影响因素的结构模型是有效的。

表 4-8 的相关分析表明：①高危岗位矿工自身因素和环境因素各维度和习惯性违章行为均显著负相关；②组织管理因素各维度和习惯性违章行为均显著正相关；③高危岗位矿工自身因素、环境因素各维度和组织管理因素均显著正相关。这为后面中介效应检验提供了前提条件。

但相关关系只反映一种影响的趋势，且这种趋势可能受到人口统计学变量的影响。因此，研究通过分层回归技术控制人口统计学变量影响，以简化模型。

在对高危岗位矿工习惯性违章行为影响因素模型进行检验时，分两步进行：①测量模型的检验　表 4-8 结果表明，高危岗位矿工习惯性违章行为影响因素间有良好的区分效度，可进行下一步分析；②结构模型的检验　为建立高危岗位矿工习惯性违章行为影响因素模型及检验组织管理因素的中介作用，基于前面的理论推测及相关分析，提出可能的三个竞争模型：直接作用模型、部分中介作用模型、完全中介作用模型。

根据文献综述、开放式访谈和相关分析结果提出如下模型假设：

M_1：高危岗位矿工自身因素、作业环境因素和组织管理因素对习惯性违章行为产生直接影响；

M_2：高危岗位矿工自身因素和作业环境因素既通过组织管理因素对习惯性违章行为产生影响，又直接对习惯性违章行为产生影响；

M_3：高危岗位矿工自身因素和作业环境因素完全通过组织管理对习惯性违章行为产生影响。

4.5.2　数据结果与分析

利用温忠麟等中介效应分析方法[136]进行潜变量路径分析。三个模型假设未修正之前的各项拟合指数见表 4-10。

表 4-10　竞争模型的拟合指数结果

模型	χ^2/df	CFI	GFI	IFI	NFI	RMSEA
M_1	13.90	0.893	0.902	0.894	0.886	0.140
M_2	11.84	0.919	0.924	0.920	0.913	0.128
M_3	21.74	0.820	0.854	0.821	0.813	0.177
修正 M_2	5.27	0.974	0.972	0.974	0.968	0.080
指标理想范围	2~5	>0.9	>0.9	>0.9	>0.9	<0.08

　　各拟合指标的理想范围[137] 见表 4-10。结果发现，相对而言，M_2 的 χ^2/df 较小，CFI、GFI、IFI、NFI 均较大，RMSEA 较小，因此 M_2 是最佳模型。但 M_2 拟合效果不理想，根据拟合结果中的参数，并结合理论和经验，对 M_2 进一步修正。修正后的拟合结果显示，χ^2/df 接近 5 的标准，CFI、GFI、IFI、NFI 均大于 0.9 的标准，RMSEA 接近 0.08 的标准，说明修正 M_2 的理论模型与数据拟合较好。对修正 M2 深入维度探讨它们之间的具体作用形式，模型如图 4-2 所示。

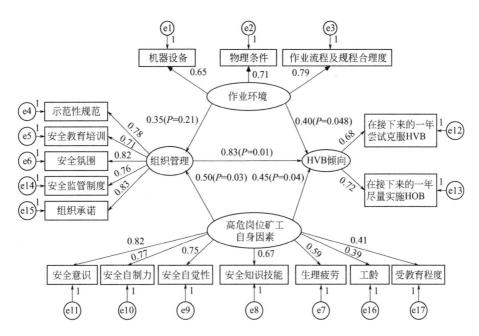

图 4-2　高危岗位矿工习惯性违章行为影响因素的结构方程模型

根据图 4-2 所示的高危岗位矿工习惯性违章行为影响因素的结构方程模型中路径系数，可有效判断各因素影响作用大小。结果发现，受教育程度和工龄相对其他因素影响作用不显著（$P > 0.1$），其他因素影响作用显著（$P < 0.05$），且组织管理是高危岗位矿工自身形成习惯性违章行为的中介变量。据此，"4.2.2"提出的研究假设除 $H_{1.4}$、$H_{1.5}$ 外全部得到支持。

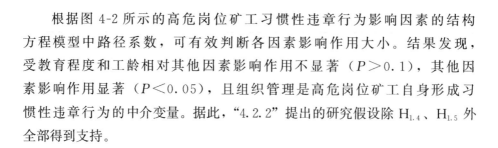

4.6
讨论与结论

本章从高危岗位矿工自身、作业环境、组织管理视角介绍了习惯性违章行为的内外部影响因素。高危岗位矿工自身因素包括：安全意识、安全知识技能、安全自制力、受教育程度、工龄、安全自觉性和生理疲劳。作业环境因素包括：作业流程及规程、物理环境特征、机器装备特征。组织管理因素包括：组织承诺、安全氛围、示范性规范、安全监管制度和安全教育培训。采用 ISM 技术从定性角度构建了各影响因素的多级递阶结构模型；然后，在问卷设计、实地调查等工作基础上，对高危岗位矿工习惯性违章行为影响因素的结构方程模型进行实证研究，揭示了各影响因素间的量化关系——各影响因素对高危岗位矿工习惯性违章行为的影响效力是不同的，且因素间相互影响作用也不同。直接因素（由大到小）是：示范性规范、安全知识技能、生理疲乏、物理环境特征、机器装备特征、受教育程度、工龄；间接因素是：安全意识、安全自制力、安全自觉性、安全监管制度、作业流程及规程、安全教育培训；深层因素是：安全氛围和组织承诺。各影响因素构成了一个复杂的包括人、环境、管理的系统问题，该系统随着时间而演化，系统中的能动主体利用已有资源动态地调整系统行为决策过程，这为下一章研究高危岗位矿工习惯性违章行为形成机理做了良好铺垫。

（1）高危岗位矿工自身因素对习惯性违章行为的影响作用

① 安全意识　高危岗位矿工安全意识对习惯性违章行为有很强的负向影响作用，而且它还通过影响安全氛围进而影响习惯性违章行为。安全

意识是高危岗位矿工安全注意状态与态度的集中体现，它直接影响现场作业行为，从性质上来说，包括高危岗位矿工环境安全风险认知和注意力。安全氛围和安全意识的相互牵制作用主要体现如下：有些煤矿企业管理者片面地追求生产效益，忽视了安全重要性，默许高危岗位矿工为赶任务量而"适当"走捷径，简化操作规程，使高危岗位矿工形成"说起来重要，干起来次要，忙起来不要"的安全认知。这种思维惯性导致高危岗位矿工忽视了自己日常作业中的违章行为，一旦养成习惯，便自发地作出违章行为决策。

② 安全知识技能　高危岗位矿工安全知识技能对习惯性违章行为有较强的负向影响作用，而且它还通过影响示范性规范进而影响习惯性违章行为。虽然近些年煤矿高危岗位矿工的整体文化素质水平有所提升，但是大多高危岗位矿工，尤其是老师傅还是农民工出身。由于自身文化水平制约，他们缺乏对瓦斯灾害的认识，不能及时排查隐患。新进高危岗位矿工，面对陌生环境，一方面对安全作业流程及规程掌握不够全面，对安全生产知识和安全技能熟练程度不足，在作业中即使违章了也不知道，逐渐形成习惯性作业违章；另一方面，煤矿井下采取师带徒方式，新进高危岗位矿工都会有师傅带着，通常师傅具有较好的井下生产实践经验，但有些师傅自身就有历史遗留下来的违章行为，当传授给新进高危岗位矿工时，这种习惯性违章行为就又得到了沿袭。最后，煤矿瓦斯监测技术设备的更新日益加快，当高危岗位矿工有限的知识技能水平不能满足新装备的要求时，高危岗位矿工就会沿用旧的作用规程，这种不适应性便产生了习惯性违章行为。

③ 安全自制力　高危岗位矿工安全自制力对习惯性违章行为有明显的负向影响作用，而且它也通过影响安全氛围、示范性规范进而影响习惯性违章行为。高危岗位矿工安全自制力在一定程度上也是性格使然。有些高危岗位矿工在作业中不愿接受正确的、善意的提醒和批评，不按照规程作业，在没发生重大不良后果时，这种行为得不到警醒，长期以来便形成了习惯性违章行为。

④ 受教育程度和工龄　高危岗位矿工受教育程度对习惯性违章行为的影响作用较弱。有些高危岗位矿工由于文化水平低，会无知地形成习惯性违章，但有些高危岗位矿工即使文化水平低，但对井下作业技术及规程领悟能力强，造成习惯性违章的可能性也降低。工龄对习惯性违章行为的

影响作用相对其他变量也较弱。工龄长的高危岗位矿工，对井下日复一日的重复劳作习以为常，认为即使有某些细节处违章，但只要没大碍，也不以为然；而且时间久了，就会忽视反常现象，照常操作，得过且过。工龄长的高危岗位矿工在这种心理支配下，沿用习惯方式作业，放松了对安全隐患的警惕，成为习惯性违章重灾区。

⑤ 安全自觉性 高危岗位矿工安全自觉性对习惯性违章行为有很强的负向影响作用，而且它还通过影响组织管理水平进而影响习惯性违章行为。自觉性反映了心理状态，尤其反映责任感。高危岗位矿工不良心理因素主要包括惰性、侥幸、冒险、自负等不良心理状态和波动的情绪体验。高危岗位矿工在不良心理因素作用下，会导致安全意识混乱、注意范围变窄、精神分散、自控力下降，引起对违章的抵抗力下降，尤其是自觉性差的个体。作业中，某些违章给高危岗位矿工带来省时省力的好处，这些高危岗位矿工便抱着"违章不一定就发生事故，自己可以灵活应对"的想法，低估风险，沿袭不良作业习惯。正由于习惯性违章不一定每次都致事故发生，即使造成事故也不一定是重特大型，加上组织监督管理不力，这些高危岗位矿工才会变侥幸为经验，经验成习惯，习惯成自然。

⑥ 生理疲劳 高危岗位矿工生理因素对习惯性违章行为有正向影响。高危岗位矿工生理因素的影响主要指生理带来的辨识不足或疲劳带来的意识混乱。一方面，井下繁重的体力劳动，很容易导致高危岗位矿工生理疲劳。在这种疲劳状态下，高危岗位矿工作业速度变慢、动作协调性变差、灵活性和准确度也变低，易出差错，而此时其自身也不会及时发觉，导致习惯性违章产生。在习惯性违章行为治理中，科学设计作业流程及规程可有效缓解生理疲劳。另一方面，高危岗位矿工生理缺陷本身带来的辨识不足，也导致高危岗位矿工对某些习惯性违章不能及时察觉。

（2）作业环境因素对习惯性违章行为的影响作用

① 生产作业流程及规程合理度 生产作业流程及规程合理度对高危岗位矿工习惯性违章行为有负向影响作用。高危岗位矿工习惯性违章行为是高危岗位矿工和环境相互作用的结果。有些生产作业流程和规程在制定时，没充分考虑实施效果，导致高危岗位矿工在具体实施时只有违章才能顺利完成作业，久而久之，习惯性违章行为便产生了。作业流程及规程是

高危岗位矿工的工作指南，对高危岗位矿工影响巨大，只有通过实地了解，制定合理的作业流程及规程，才可以从更大程度上规范高危岗位矿工行为选择。

② 物理环境特征　物理环境安全度对高危岗位矿工习惯性违章行为有负向影响。物理环境主要是煤矿井下作业环境的物理条件，包括作业场所的亮度、温度、湿度、噪声高低、有毒气体等。过高的噪声会影响高危岗位矿工的反应能力和情绪，从而导致高危岗位矿工行为差错。亮度影响高危岗位矿工对周围环境的感知，若亮度达不到标准，高危岗位矿工观察事物便会吃力，引起错误的判断。而有毒气体等通过影响高危岗位矿工大脑意识的清醒度进而影响高危岗位矿工的思维敏捷度，最终对高危岗位矿工行为选择造成影响，长期的不良物理环境，就会使高危岗位矿工做出适应这种环境的习惯性违章行为。

③ 机器装备特征　机器装备安全度和人性化程度对高危岗位矿工习惯性违章行为有负向影响。机器装备包括机器设备及防护用品舒适度和可控度。一方面，若机器装备设计本身有缺陷，如信号显示不够完善或噪声太大，就会导致高危岗位矿工行为差错。另一方面随着科技高速发展，机器装备更新很快，有些煤矿企业为了提高生产和安全效益，引进了较先进的装备，但是碍于高危岗位矿工的接受能力，对新技术、新装备反而表现得无所适从，按老规矩作业，也会形成习惯性违章。

（3）组织管理因素对习惯性违章行为的影响作用

① 组织承诺　组织承诺对高危岗位矿工习惯性违章行为有较强的负向影响，且仅次于安全氛围，它还通过影响高危岗位矿工安全意识、安全自制力、安全自觉性、作业环境安全度、组织管理中其他因素进而影响习惯性违章行为。组织承诺是煤矿企业管理层的安全政策与承诺。若管理层对安全责任做出承诺并处处关注安全，这种安全态度就会影响到高危岗位矿工，提高高危岗位矿工遵章的安全意愿，有效激发高危岗位矿工在持续改进安全作业水平中的参与度。而且较高的组织承诺可以促进作业环境安全度的提高，使得环境不可控型习惯性违章水平降低。最后较高的组织承诺还可以影响班组安全氛围的建设[138~140]，它能为安全氛围建设提供足够的资源并支持安全活动的顺利开展和实施。

② 安全氛围　安全氛围对高危岗位矿工习惯性违章行为有很强的负向影响，而且它还通过影响高危岗位矿工安全意识、安全自制力、心理因

素、作业环境中的作业流程及规程合理度和组织管理其他因素进而影响习惯性违章行为。通过模型路径判断，可发现安全氛围在整个影响系统中的核心地位。良好的安全氛围可有效提高管理者和高危岗位矿工的安全意识，规范他们行为决策的合理度，提高对习惯性违章行为危害性的认识，使其自觉矫正不良作业行为习惯。

③ 安全监管制度　安全监管制度对高危岗位矿工习惯性违章行为有较强负向影响，而且它还通过影响高危岗位矿工安全意识、安全自制力、安全知识技能和心理因素进而影响习惯性违章行为。完善的安全监管制度不仅要包括对行为调整起正向强化作用的激励制度，还应包括对行为调整起负向强化作用的惩罚制度。安全监管制度可以促进、抑制或矫正习惯性违章行为。奖惩系统是其对行为的具体控制方式。有些高危岗位矿工正是因为钻了安全监管制度的空子，才使得侥幸、麻痹等不良心理演变为习惯。

④ 安全教育培训　安全教育培训对高危岗位矿工习惯性违章行为也有较强的负向影响作用，而且它还通过影响高危岗位矿工安全意识、安全知识技能和心理因素进而影响习惯性违章行为。良好的安全教育培训方式可有效提高高危岗位矿工的安全风险辨识能力和应急处理技能，而这些技能又会影响其安全意识和作业时对安全环境的信任度。通过 SEM 模型可发现，安全教育培训对习惯性违章行为的影响主要通过对高危岗位矿工安全意识和知识技能水平的影响体现出来。

目前，高危岗位矿工安全培训注重文化知识和专业技能，对高危岗位矿工作业中影响认知决策过程的心理因素培训较少。

⑤ 示范性规范　示范性规范对高危岗位矿工习惯性违章行为有较强的负向影响作用，而且它可以通过影响高危岗位矿工安全意识、安全知识技能进而影响习惯性违章行为。示范性规范指高危岗位矿工主动模仿和被动接受行为的程度。有些老师傅，尤其是技术熟练的师傅，自认为经验丰富，工作中凭经验走捷径，潜移默化地影响了徒弟，加上有些徒弟师傅怎么教就怎么做，不自己加以判断和思考，久而久之便固化了违章行为习惯。除此之外，煤矿企业群体示范性规范对高危岗位矿工习惯性违章行为也有很大影响。个体趋向于在知觉判断、安全信念和行动上与班组中大多数人一致，这种从众心理导致被动接受行为。

本章从静态角度研究了高危岗位矿工习惯性违章行为的影响因素，分别构建了其定性 ISM 模型和定量 SEM 模型,明确了各影响因素的影响效力和相互影响作用。下一章将采用系统动力学方法从动态角度研究高危岗位矿工习惯性违章行为形成演化机理,考察各因素间的动态复杂交互作用。

5

习惯性违章行为
演化机理分析

5.1
高危岗位矿工习惯性违章行为形成演化路径

上一章通过实证研究从静态角度确定了高危岗位矿工习惯性违章行为的影响因素，并通过路径系数说明了各影响因素的作用效力，但没有从动态角度考虑各影响因素交互作用及其对习惯性违章行为演化水平的影响。本章将高危岗位矿工习惯性违章行为形成演化机理视为一个复杂巨系统，主要探索系统的构成要素及其动态交互作用，并通过仿真实验分析结构要素动态变化对习惯性违章行为变化趋势的影响，为其治理路径提供建议。

5.1.1　高危岗位矿工习惯性违章行为形成系统构成要素及其关系

高危岗位矿工习惯性违章行为的形成可视为复杂巨系统，系统的构成要素为高危岗位矿工习惯性违章行为的影响因素，各影响因素间相互渗透、相互促进、相互制约，为了实现特定目的，各影响因素以一定的作用规则从无序状态形成有序状态，使系统呈现出一定的结构，并通过输出的行为体现这种结构功能。

根据高危岗位矿工习惯性违章行为影响因素的 ISM 和 SEM 模型，高危岗位矿工习惯性违章行为形成演化系统是以组织管理因素（组织承诺、安全氛围、示范性规范、安全教育培训和安全监管制度）为核心的，高危岗位矿工自身因素与作业环境因素围绕组织管理因素相互影响、交错融合。组织管理因素反映了煤矿企业持有的安全行为规范和安全价值理念，它影响并制约着另两个因素。首先，煤矿组织管理因素是行为演化的一种强制力，它以制定的安全规程和制度为标准，通过监督和奖惩来约束高危岗位矿工行为；同时，组织管理通过培训指导等方式提高高危岗位矿工作业能力，帮助其形成积极稳定的安全认知结构，使高危岗位矿工自觉遵守安全规程，抵制隐患行为，保证安全生产的顺利进行。高危岗位矿工作为习惯性违章行为的发出者，其自身不良的心理因素和生理因素制约着行为的积极演化。作业环境因素是习惯性违章行为的外显因素，它的安全性和合理性影响着高危岗位矿工的行为决策过程。

（1）组织管理因素与习惯性违章行为　一方面，组织管理因素规范和约束高危岗位矿工现场作业行为，保证行为合理性；另一方面，高危岗位矿工现场作业行为体现了组织管理水平，并且个体和群体的行为活动塑造了组织管理的安全价值理念。

煤矿企业的组织管理因素是高危岗位矿工在生产过程中安全行为准则、思维方式、行为模式的体现，它可以有效促进习惯性违章行为的惯性治理，也能削弱习惯性违章行为的破坏作用。同理，习惯性违章行为水平的降低会强化对良好组织管理的需要。

（2）组织管理因素与高危岗位矿工自身因素　组织管理因素是助长高危岗位矿工自身因素导致习惯性违章行为产生的外源动力，高危岗位矿工的某些自身因素反映并作用于组织管理因素。

组织管理因素也可以抑制高危岗位矿工自身因素对遵章行为选择的破坏性，使高危岗位矿工自觉遵守安全作业流程及规程等。

（3）组织管理因素与作业环境因素　作业环境因素是行为形成的温床和物质基础。作业环境也能体现出组织管理的安全价值理念。作业环境因素作为习惯性违章行为形成的间接因素，是组织管理和高危岗位矿工自身因素变化的条件。

（4）高危岗位矿工自身因素与作业环境因素　作业环境因素决定着煤矿企业物化状态和技术状态的安全与否，它可促进或抑制高危岗位矿工自身因素对习惯性违章行为水平的影响。煤矿井下恶劣的物理环境，会影响高危岗位矿工自身的安全专注度和反应力等，进而影响其行为决策。

5.1.2　高危岗位矿工习惯性违章行为演化路径

根据行为惯性形成理论，高危岗位矿工习惯性违章行为的形成演化路径有自然演化和强制演化两种，两种演化机理相辅相成，共同促进高危岗位矿工习惯性违章行为水平的动态变化。下面将结合习惯性违章行为的演化过程对这两种演化路径加以详细分析。

（1）基于控制论的强制演化路径

① 高危岗位矿工习惯性违章行为形成演化的控制系统及状态变量确定　基于控制理论，高危岗位矿工习惯性违章行为形成演化系统可视作一个控制系统，这个系统中包括主控方（煤矿安全相关管理部门）、受控方（高危岗位矿工）和媒介（管理和作业环境），作为主控方的高危岗位矿工对其行为决策过程具有能动控制作用，它的控制功能还受到媒介的影响和制约。

作为控制系统，高危岗位矿工习惯性违章行为形成演化系统是封闭有界的。这种封闭相对外界环境来说是系统内部因素间的共同作用，因此，其相对开放性就是指系统整体与外界社会环境，如煤矿安全生产法律法规、社会安全价值观等的相互影响作用[141]，这种外界环境的影响作用就是控制系统的输入，在控制系统内部的复杂作用结构和方式转换下，输出对外界环境产生影响作用的行为。

控制系统的状态反映了指定时点上某些要素的存量，它可以有效地区分系统的过去行为与未来行为。高危岗位矿工习惯性违章行为形成演化系统的状态变量包括：高危岗位矿工自身因素水平、作业环境水平和组织管理水平。据此，高危岗位矿工习惯性违章行为形成演化的控制系统包括：输入变量、状态变量和输出变量，他们共同描述习惯性违章行为动态演化的状态空间，它的数学模型表示有：状态方程和输出方程。

② 强制演化与高危岗位矿工习惯性违章行为形成演化的控制系统特点　高危岗位矿工习惯性违章行为形成演化的控制系统具有区别于其他系统的特殊性，它的主控方和受控方都具有主观能动性和学习适应性，都具备自己独特的信息处理分析和判断能力。同时，主控方和受控方本身又是两个控制系统，根据他们对外部输入的感知和判断能动地做出反应，包括各自的行为影响因素、行为决策状态和行为输出。因此，高危岗位矿工习惯性违章行为形成演化的控制系统不仅受主控方和受控方的能动影响，而且受这两个子控制系统间的交互影响，进而表现出极为复杂的行为特征。

在高危岗位矿工习惯性违章行为强制演化过程中，首先，主控方煤矿各级安全管理部门确定煤矿企业安全价值观和安全行为规范，在此引导下，改善安全监管制度、安全管理方式和作业环境物态安全性，形成习惯性违章行为治理驱动力，驱动受控方高危岗位矿工做出积极的行为反应，并根据控制作用规则适应性地重建安全认知结构和调整自己的行为策略。

（2）基于自组织理论的自然演化路径

① 高危岗位矿工习惯性违章行为自然演化的规律　高危岗位矿工习惯性违章行为自然演化是自组织的，是行为主体在系统内部各种复杂行为的非线性作用下表现出的学习性和环境适应性。在系统动态演化过程中，随着各要素的不断学习和适应，系统的状态、结构和功能都会变化升级。

② 高危岗位矿工习惯性违章行为自然演化的基本原理　处于开放条件下的高危岗位矿工习惯性违章行为形成系统，是在多重反馈回路作用下的复杂系统。该系统的结构、功能特性、模式和状态，并不是系统固有的，而是自然演化的产物，是系统内部各行为主体通过相互作用而涌现出来并自下而上自发产生的[142]。高危岗位矿工习惯性违章行为自然演化有两种可能趋势：一种是从混沌无序状态演化为稳定有序结构；另一种是从有序结构转化为无序状态再演化为有序结构。因此，高危岗位矿工习惯性违章行为的演化趋势线可能会出现多个拐点，再回到原先状态。

高危岗位矿工习惯性违章行为的自然演化体现了系统内部行为主体间的和谐度和协同作用。它决定了该系统在到达临界区域时有序性和结构的走向，决定了系统由无序到有序的趋势。在自然演化过程中，各状态变量的相互作用会形成一种合力，促使系统发生质变。在高危岗位矿工习惯性违章行为形成系统中，各状态变量中会有一个或几个，在系统处于无序状态时其值为 0，随着系统转向有序，这些变量从 0 向正有限值变化，它们集中反映了系统的有序程序，称为序参量。序参量与描述协同竞争系统状态的其他变量相比随时间变化较慢，称为慢变量，而其他状态变量数量多，随时间变化的速度也快[143]。

③ 高危岗位矿工习惯性违章行为自然演化的机理　高危岗位矿工习惯性违章行为形成演化系统的核心是组织管理。强制演化和自然演化的根本区别在于是先通过确定组织管理模式影响行为主体，还是通过行为主体相互作用形成组织管理模式。组织管理水平反映了煤矿企业的安全价值观，可以说高危岗位矿工习惯性违章行为治理、习惯性遵章行为养成训练就是煤矿企业安全价值观和作业行为规范确立的过程，以及体现安全价值观的安全监管制度、安全作业环境完善的过程。安全价值观可以通过班组安全氛围来体现，它首先影响煤矿企业的安全管理制度和高危岗位矿工行为习惯，如果一个班组中多数高危岗位矿工认为某种行为是正确的，他们便会集体多次实施这种行为，最终变成习惯。新进高危岗位矿工由于群体规范压力，也会受到同化而接受这些习惯，转变为一种无意识行为选择。安全监管制度对高危岗位矿工行为具有强制性的约束力，而习惯性违章行为对班组内高危岗位矿工行为具有非强制性的约束力和引导力。可见，组织管理在习惯性违章行为治理中的重要性。

综上可以看出，高危岗位矿工习惯性违章行为水平降低的核心是组织管理的演化和组织管理水平的提升。高危岗位矿工自身因素和作业环境因素围绕组织管理水平相互影响，最终降低高危岗位矿工习惯性违章行为水平。

本节为下节研究高危岗位矿工习惯性违章行为形成机理动力学建模和仿真做了理论铺垫。

5.2
高危岗位矿工习惯性违章行为形成机理的系统动力学建模与仿真

要探索高危岗位矿工习惯性违章行为各影响因素动态交互作用对行为

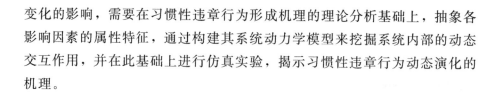

变化的影响，需要在习惯性违章行为形成机理的理论分析基础上，抽象各影响因素的属性特征，通过构建其系统动力学模型来挖掘系统内部的动态交互作用，并在此基础上进行仿真实验，揭示习惯性违章行为动态演化的机理。

5.2.1 系统边界确定

系统动力学（System Dynamics，SD）是美国麻省理工学院斯隆管理学院福雷斯特（J. W. Forrester）教授于 20 世纪 60 年代初提出的一种研究复杂系统的方法，是在系统论、控制论的基础上发展起来的一种结构仿真技术，特别适宜于研究信息反馈系统、功能与行为之间动态的辩证统一关系，具有解决高阶次、非线性、多重反馈复杂系统的能力。SD 将研究对象视为一个复杂系统整体，系统行为则是该系统内部各因素相互作用、相互制约形成和演化的，并且该系统以外的因素对系统并不存在本质影响，而系统内部因素也无法控制这些外部因素。鉴于此，基于系统动力学相关理论构建系统模型，首先要对系统边界进行界定，即将与高危岗位矿工习惯性违章行为形成有关的因素界定为系统内部要素，并排除与研究无关的因素。同时，SD 强调反馈机制，还需考虑系统内部要素间的反馈机制。

高危岗位矿工习惯性违章行为形成受诸多因素影响，通过前面研究得出，高危岗位矿工习惯性违章行为的影响因素主要有：安全意识、安全知识技能、安全自制力、安全自觉性、生理疲劳、作业流程及规程、物理环境特征、机器装备特征、组织承诺、安全氛围、安全监管制度、安全教育培训和示范性规范。此外，高危岗位矿工习惯性违章行为形成系统是以组织管理因素为核心的，高危岗位矿工自身因素和作业环境因素围绕组织管理因素相互影响、交错融合的系统。

研究选取由高危岗位矿工自身因素系统、作业环境系统和组织管理系统构成的高危岗位矿工习惯性违章行为系统进行动力学建模与仿真。在高危岗位矿工习惯性违章行为的形成过程中，高危岗位矿工自身因素、作业环境和组织管理系统十分复杂，观察这些控制因素的实际控制效果，对于形成高危岗位矿工积极行为惯性，从而提高煤矿企业安全管理水平具有十分重要的意义。

研究提出：高危岗位矿工习惯性违章行为形成演化系统应包括高危岗位矿工自身、作业环境和组织管理层与高危岗位矿工习惯性违章行为相关的变量。采用 Vensim PLE 软件明晰各变量间数学逻辑关系。

其中，组织承诺、安全氛围、安全监管制度、安全教育培训和示范性规范作为外部因素影响煤矿企业组织管理模式的完善，组织管理模式的完善进一步促进煤矿企业形成正确安全价值观，安全价值观又引导高危岗位矿工思维习惯，高危岗位矿工习惯性违章行为水平就会随之降低。同时，高危岗位矿工习惯性违章行为水平降低时，就预示着管理者和高危岗位矿工的安全意识也随之得到增强。随之而来的状况是：①管理者安全意识增强后，一方面会提高煤矿企业组织承诺度和安全氛围，进而提升煤矿作业环境的安全水平；另一方面会完善安全管理制度和改善安全管理方式从而促进管理决策合理性，并提高高危岗位矿工安全意识水平，进而有效改善习惯性违章行为状况。②高危岗位矿工安全意识增强后，就会增加对安全知识技能的需要，高危岗位矿工安全自制力和工作能力就会提升，在高危岗位矿工自身因素、作业环境和组织管理的共同影响作用下，煤矿现场安全作业行为合理度提升，进而降低习惯性违章行为水平，并反过来影响组织管理水平改变率。③煤矿企业作业环境安全水平提高后，如作业流程及规程合理化，也会提高管理者和高危岗位矿工安全意识。④煤矿组织安全监督制度的完善有利于管理者生产决策行为合理化和员工现场安全作业行为合理化。⑤高危岗位矿工习惯性违章行为水平同时受管理者管理有效性和高危岗位矿工作业行为合理性影响，且这两个因素间又相互影响，形成闭合回路。

5.2.2 模型基本假设

为使高危岗位矿工习惯性违章行为形成演化系统更为明确，简化起见，提出如下假设：

（1）研究对象是高危岗位矿工个体习惯性违章行为，不考虑具有一定规模的群体性习惯性违章行为；

（2）研究仅考虑了煤矿企业内部对高危岗位矿工习惯性违章行为具有

影响的要素，家属影响、工作-家庭冲突、社会支持等均未列入系统中；

（3）研究仅考虑了煤矿企业内部"人、环、管"三方面的相关要素，将机器设备、防护装备、技术发展对作业人员的影响列入作业环境系统中；

（4）研究在模拟仿真阶段将每期发生事故可能性列入作业环境系统中；

（5）SD仿真模型中各变量的取值只在同一仿真周期内具有连续性，每个仿真周期开始时，都要重新设定系统初始水平值；

（6）SD仿真模拟中涉及的安全投入主要为作业环境安全水平、组织管理完善水平和矿工自身行为安全水平的投入。

5.2.3　仿真方案选择

仿真目的主要是：①通过改变组织管理因素和作业环境因素，分析高危岗位矿工习惯性违章行为的演化趋势，揭示组织管理和作业环境对高危岗位矿工习惯性违章行为水平变化的作用；②通过不同类型组织承诺存量，对比其对高危岗位矿工习惯性违章行为演化的作用力；③通过改变各种安全氛围存量，对比其对高危岗位矿工习惯性违章行为演化的作用力。据此，仿真方案如下。

（1）高危岗位矿工习惯性违章行为水平的仿真　将作业环境和组织管理视为煤矿企业的安全投入，从经济学角度仿真安全投入与高危岗位矿工习惯性违章行为水平的输入输出关系。以安全投入为输入工具来研究其他影响因素对习惯性违章行为水平的作用强度。以案例煤矿实际投入状况为输入确定该矿高危岗位矿工习惯性违章行为水平的发展趋势，通过调整投入方案，仿真分析不同影响因素对系统习惯性违章行为水平变化速度的影响情况。

（2）子系统安全水平的仿真　以影响高危岗位矿工习惯性违章行为权重较大的子系统为例，求出复杂系统中不同子因子的实际作用率，如煤矿各级管理者和高危岗位矿工的安全意识、组织承诺、安全氛围的实际作用率。根据第3章对高危岗位矿工习惯性违章行为影响因素总系统中各子系统构成权重的分析，其中高危岗位矿工自身因素子系统和组织管理因素子系统对习惯性违章行为水平的作用较大。因此，选择高危岗位矿工自身因素子系统和组织管理因素子系统进行仿真研究。

5.2.4　重要反馈回路跟踪及性质分析

考察高危岗位矿工习惯性违章行为形成机理是构建系统动力学模型的主要目的，因此分析模型系统中的一些反馈回路十分重要。模型系统中的一些重要反馈回路如下。

（1）流经组织管理水平的反馈回路有 20 条，有以下 7 条主线。

① 组织管理水平↑→管理者安全意识↑→作业流程及规程完善度↑→作业环境安全水平↑→每期发生事故可能性↓→组织管理水平↑。

② 组织管理水平↑→管理安全意识↑→现场安全作业流程及规程完善度↑→作业环境安全水平↑→现场安全作业行为合理度↑→每期发生事故可能性↓→组织管理水平↑。

③ 组织管理水平↑→管理者安全意识↑→组织承诺度↑→安全氛围↑→管理者和高危岗位矿工生产决策行为合理度↑→现场安全作业行为合理度↑→每期发生事故可能性↓→组织管理水平↑。

④ 组织管理水平↑→管理者安全意识↑→组织承诺度↑→安全氛围↑→管理者和高危岗位矿工生产决策行为合理度↑→示范性规范水平↑→现场安全作业行为合理度↑→每期发生事故可能性↓→组织管理水平↑。

⑤组织管理水平↑→管理者安全意识↑→组织承诺度↑→安全氛围↑→管理者和高危岗位矿工生产决策行为合理度↑→示范性规范水平↑→安全知识技能水平↑→每期发生事故可能性↓→组织管理水平↑。

⑥组织管理水平↑→管理者安全意识↑→组织承诺度↑→安全氛围↑→安全执行力↑→安全监管制度完善度↑→高危岗位矿工安全意识↑→高危岗位矿工身心水平↑→高危岗位矿工自身因素水平↑→每期发生事故可能性↓→组织管理水平↑。

⑦组织管理水平↑→高危岗位矿工安全意识↑→高危岗位矿工心理水平↑→高危岗位矿工自身因素水平↑→每期发生事故可能性↓→组织管理水平↑。

（2）流经作业环境水平的路径有 6 条，有以下 2 条主线。

① 作业环境水平↑→现场安全作业行为合理度↑→每期发生事故可能性↓→组织管理水平↑→管理者安全意识↑→组织承诺度↑→安全氛围↑→物理环境安全度↑→作业环境水平↑。

② 作业环境水平↑→管理者安全意识↑→作业流程及规程完善度↑→作业环境水平↑。

（3）流经高危岗位矿工自身因素水平的反馈回路有 6 条，有以下 2 条主线。

① 高危岗位矿工自身因素水平↑→管理者和高危岗位矿工生产决策行为合理度↑→组织承诺度↑→安全氛围↑→高危岗位矿工自身因素水平↑。

② 高危岗位矿工自身因素水平↑→管理者和高危岗位矿工生产决策行为合理度↑→作业环境水平↑→管理者安全意识↑→组织承诺度↑→安全氛围↑→高危岗位矿工自身因素水平↑。

一些重要变量之间的具体反馈回路及反馈关系情况如图 5-1 所示。

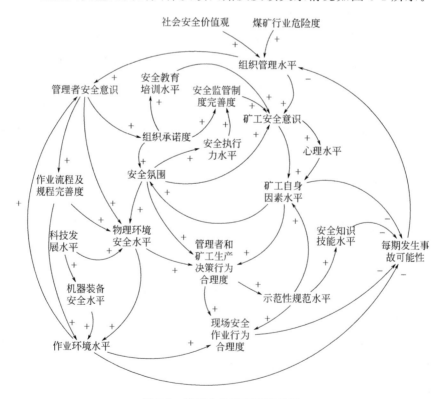

图 5-1　模型中的重要因果关系

5.2.5　系统流图及重要变量关系分析

　　高危岗位矿工习惯性违章行为形成演化系统是由组织管理、高危岗位矿工自身和作业环境三方面构成，同煤矿企业内部的安全管理、生产行为彼此影响、彼此制约和促进而形成的。

　　高危岗位矿工习惯性违章行为形成机理的动力学模型包括三个状态变量：组织管理水平、高危岗位矿工自身因素水平和作业环境水平；此外，还包括三个决策变量：组织管理水平的提升率、高危岗位矿工自身因素水平的提升率、作业环境安全水平的提升率。

　　煤矿企业的组织管理水平受到若干因素的影响，包括组织承诺、安全氛围、安全监管制度、安全教育培训和示范性规范；高危岗位矿工自身因素水平受到安全意识、安全知识技能、安全自制力、安全自觉性和生理疲劳的影响；作业环境安全水平受到现场作业流程及规程的合理度、物理环境特征和机器装备特征的影响。此外，系统中还包括其他一些因素，如管理和高危岗位矿工行为决策合理度等，这些都是模型中的重要变量。这些变量有的具有强关联性，有的彼此独立，将这些复杂作用关系引入模型中，就可得到习惯性违章行为形成演化系统的动力学模型流图，如图 5-2所示。

　　以上建立的高危岗位矿工习惯性违章行为形成演化系统的动力学模型可知，高危岗位矿工习惯性违章行为除了受到高危岗位矿工自身因素、作业环境和组织管理等煤矿企业内部影响因素外，还受到诸如煤矿行业危险度、国家安全法规完善度等外部因素影响，但在本研究中将外部因素的影响作用弱化到最低。

　　由以上分析可知，高危岗位矿工习惯性违章行为形成系统的动力学模型包括 3 个状态变量、16 个辅助变量、3 个决策变量、3 个外生变量。上述变量之间相互影响、相互制约和促进，共同影响高危岗位矿工习惯性违章行为的发生和演化。各类变量的构成情况如表 5-1 所示。

　　基于高危岗位矿工习惯性违章行为形成演化系统的动力学模型流图，各主要变量及其作用如表 5-1 所示，构建各主要变量的仿真方程时须遵循以下原则：①各主要变量仿真方程的构建必须以行为科学理论和安全管理

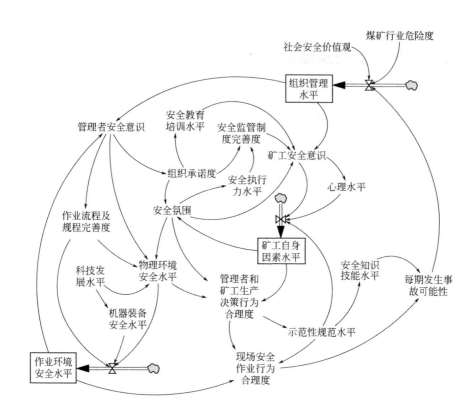

图 5-2　高危岗位矿工习惯性违章行为形成系统流图

理论为基础；②流图中涉及的各结果变量和自变量的作用关系可通过历史数据，结合数量经济学方法确认；③仿真方程的构建必须结合煤矿企业的实际运行情况。

表 5-1　各变量的构成情况汇总

变量类型	变量名称	作用
状态变量	组织管理水平 高危岗位矿工自身因素水平 作业环境安全水平	它们共同构成了高危岗位矿工习惯性违章行为形成系统中的存量，它们的综合水平反映了高危岗位矿工习惯性违章行为水平的整体状况
辅助变量	高危岗位矿工安全意识 高危岗位矿工安全知识技能 高危岗位矿工安全自制力 安全自觉性 生理疲劳	引入辅助变量表达状态变量和决策变量

续表

变量类型	变量名称	作用
辅助变量	现场作业流程及规程合理度 物理环境安全度 机器装备安全度 组织承诺度 安全氛围 安全监管制度完善度 安全教育培训投入度 示范性规范度 生产决策行为合理度 现场安全作业行为合理度 每期发生事故可能性	引入辅助变量表达状态变量和决策变量
决策变量	组织管理水平提升率 高危岗位矿工自身因素水平提升率 作业环境安全水平提升率	它们的变动影响系统中状态变量的变化
外生变量	高危岗位矿工安全需要 煤矿行业危险度 国家安全法规完善度	外生变量制约着系统中的内生变量（组织管理水平、高危岗位矿工自身因素水平、作业环境水平），但不受系统中内生变量的制约

5.2.6　高危岗位矿工习惯性违章行为系统动力学模型系统仿真

5.2.6.1　仿真方程构建

（1）高危岗位矿工自身因素层面

① 高危岗位矿工自身因素水平　高危岗位矿工自身因素水平的每期变化量为高危岗位矿工自身因素水平的提升率。其中高危岗位矿工自身因素水平提升率看作是高危岗位矿工安全意识、安全知识技能和安全自觉性等各变量共同影响的结果，其大小随着高危岗位矿工安全意识、安全知识

技能、安全自制力、安全自觉性和生理疲劳等总和的增加而减小，原因在于越是高层次的高危岗位矿工习惯性遵章行为水平提升的难度越大。另外，高危岗位矿工本性中的惰性、懈怠性和侥幸心理在一定程度上会降低高危岗位矿工自身因素水平提升率。因此，构建方程如下：

$$高危岗位矿工自身因素水平提升率＝exp[-(高危岗位矿工安全意识$$
$$＋安全自制力＋受教育程度＋工龄＋安全技能＋安全自觉性$$
$$＋生理疲劳)]-常数 \tag{5-1}$$

② 高危岗位矿工生产决策行为合理度　高危岗位矿工生产决策行为合理度受到安全监管制度、作业环境和示范性规范度的影响。由于高危岗位矿工个人知识结构、工作积极性的不同，各因素对高危岗位矿工生产决策行为的影响并不能按照理想水平表现出来。因此，构建方程如下：

$$高危岗位矿工生产决策行为合理度＝常数×安全监管制度完善度$$
$$＋常数×作业环境安全度＋常数×示范性规范度 \tag{5-2}$$

（2）作业环境因素层面

① 作业环境安全水平　作业环境安全水平的每期变化量为作业环境安全水平的提升率。其中作业环境安全水平提升率看作现场安全作业流程及规程合理度、物理环境特征和机器装备特征各变量共同作用的，其大小随着现场安全作业流程及规程合理度、物理环境特征、机器装备特征的增加而减小，这是因为越是高层次的作业环境安全水平提升难度越大。而且，作业环境的改变、操作工具的老化在一定程度上也会降低作业环境安全水平提升率。因此，构建方程如下：

$$作业环境安全水平提升率＝exp[-(现场安全作业流程及规程合理度$$
$$＋物理环境安全度＋机器装备安全度)]-常数 \tag{5-3}$$

② 作业环境安全水平、物理环境安全度和机器装备安全度　煤矿企业管理者组织承诺度提高后，会从三个方面增强企业安全生产的物质保障，即提高作业环境安全度、物理环境安全度和机器装备安全度。为了便

于分析，研究分别用三个系数 K_1、K_2、K_3 表示管理者增强企业安全生产的物质保障的路径选择倾向度，并假设这种路径选择体现在提高作业环境安全度、物理环境安全度和机器装备安全度上，即它们的系数之和是1。当倾向于选择一种路径时，即加大它的控制系数，意味着减少另外两种路径的系数。系数与三种路径选择之间的关系如下：

$$作业环境安全度＝组织承诺度×K_1 \tag{5-4}$$

$$物理环境安全度＝组织承诺度×K_2＋常数×安全投入水平 \tag{5-5}$$

$$机器装备安全度＝组织承诺度×K_3＋常数×安全投入水平 \tag{5-6}$$

③ 现场安全作业流程及规程合理度　现场安全作业流程及规程是煤矿企业发生安全事故的主要影响因素，研究分析高危岗位矿工习惯性违章行为形成机理过程中主要考虑之一便是提升现场安全作业流程及规程合理度。影响现场安全作业合理度的因素很多，包括作业环境安全水平、安全监管制度水平、管理者生产决策行为合理度、高危岗位矿工自身因素水平、高危岗位矿工安全知识技能、高危岗位矿工安全意识、高危岗位矿工安全需要等因素。在仿真过程中，把现场安全作业合理度看作是作业环境安全水平、安全管理制度水平、管理者生产决策行为合理度、高危岗位矿工自身因素水平、高危岗位矿工安全知识技能、高危岗位矿工安全意识、高危岗位矿工安全需要共同影响的结果，其变化率随着作业环境安全水平、安全管理制度水平、管理者生产决策行为合理度、高危岗位矿工自身因素水平、高危岗位矿工安全知识技能、高危岗位矿工安全意识、高危岗位矿工安全需要的增加而减小。因此，构建方程如下：

$$现场作业流程及规程合理度＝1－\exp[-(0.8×高危岗位矿工$$
$$自身安全度＋0.8×安全监管制度完善度＋0.6×管理者$$
$$生产决策行为合理度＋0.6×作业环境安全度＋0.8×$$
$$高危岗位矿工安全知识技能＋0.9×高危岗位矿工安全需要＋$$
$$0.9×高危岗位矿工安全意识)] \tag{5-7}$$

各因素系数只是体现该因素通过管理者或高危岗位矿工对现场安全作业流程及规程合理度发生作用的程度。高危岗位矿工安全知识技能每期增长率为高危岗位矿工安全知识技能提升率，而高危岗位矿工安全知识技能提升率又是由安全教育培训投入决定的。研究将高危岗位矿工安全知识技能提升率看作安全教育培训投入的正相关函数。高危岗位矿工安全需要在短期内不会变化，仿真过程中将高危岗位矿工安全需要看作一个常量。

④ 每期发生事故可能性　管理者或高危岗位矿工的习惯性违章行为并不一定都能导致事故发生。为了提高对现场安全作业行为的重视，研究假设每期发生事故可能性与现场习惯性违章行为程度呈正比，比例系数 K_4 体现现场习惯性违章行为导致事故发生可能性的大小。即：

$$每期发生事故可能性＝K_4×（1－现场习惯性违章行为程度）\quad（5\text{-}8）$$

（3）组织管理因素层面

① 组织管理水平　影响组织管理水平的因素很多，这些因素都会促使组织管理水平发生改变。其每期提升率为组织管理水平提升率。它受到煤矿行业危险度、国家安全法规完善度等影响，这两个变量短期内的变化不大，因而对组织管理水平提升率的影响很小。另外，组织管理水平还受到每期发生事故可能性影响，随着每期发生事故的数量增加，企业的组织管理水平提升率会增加，但是增加速度会随着事故发生可能性的增加而减小。另外，如果一定时期内未发生安全事故，由于人本身的懒惰性和麻痹性，企业管理者和高危岗位矿工就会出现侥幸心理，认为本企业已经安全而降低自己的组织管理水平，这时会使得组织管理水平提升率变为负数。因此，构建方程如下：

$$组织管理水平提升率＝每期发生事故可能性＋常数×组织承诺度＋$$
$$常数×组织安全氛围度＋常数×安全监管制度完善度＋常数×$$
$$示范性规范度－常数\quad（5\text{-}9）$$

② 管理者安全意识和高危岗位矿工安全意识　组织管理水平主要影响企业管理者安全意识和高危岗位矿工安全意识，但对两者的作用力度是不同的。管理者由于承担更多的安全责任，组织管理因素对管理者的影响较大，又由于企业的组织管理由管理者和高危岗位矿工共同构成，那么企

业组织管理水平对管理者安全意识和高危岗位矿工安全意识的影响程度之和应为 1，因此，构建方程如下：

$$管理者安全意识＝0.6×组织管理水平 \tag{5-10}$$

$$高危岗位矿工安全意识＝0.4×组织管理水平 \tag{5-11}$$

另外，由于管理者安全意识还受到作业环境安全水平的影响，所以上述管理者安全意识要做一下调整，即：

$$管理者安全意识＝0.6×组织管理水平＋常数×作业环境安全度 \tag{5-12}$$

高危岗位矿工安全意识还受到教育培训投入、安全监管制度完善度、示范性规范度的影响，所以高危岗位矿工安全意识也做如下调整，即：

$$高危岗位矿工安全意识＝0.4×组织管理水平＋（安全监管制度完善度＋示范性规范度＋安全教育培训投入）×常数 \tag{5-13}$$

③ 组织承诺度、安全氛围和示范性规范度　管理者和高危岗位矿工安全意识提高后，会从三方面对高危岗位矿工习惯性违章行为水平进行控制，一是组织承诺度，二是安全氛围，三是示范性规范度。管理者和高危岗位矿工提高高危岗位矿工习惯性遵章行为水平路径的选择会影响习惯性遵章行为的治理方式和习惯性遵章行为水平的高低。管理者提高习惯性遵章行为水平路径的选择是本模型研究的重要内容之一，根据需要对其进行调节，以考察系统模型的变化规律。为便于分析，分别用三个系数 K_5、K_6、K_7 表示管理者在提升习惯性遵章行为水平路径选择上的倾向度。假设管理者提高习惯性遵章行为水平的路径选择体现组织承诺度、安全氛围和管理参与度的系数上。系数与三种路径选择之间的关系如下：

$$组织承诺度＝管理者和高危岗位矿工安全意识×K_5 \tag{5-14}$$

$$安全氛围良好度＝管理者和高危岗位矿工安全意识×K_6 \tag{5-15}$$

$$示范性规范度＝管理者和高危岗位矿工安全意识×K_7 \tag{5-16}$$

④ 安全教育培训投入、安全监管制度完善度 煤矿企业组织承诺度提高后，管理者便会提高安全管理投入度，会增强高危岗位矿工行为控制合理度，有助于治理高危岗位矿工习惯性违章行为，主要方式包括以下两方面：增加安全教育培训投入和完善安全监管制度。这两方面同等重要，研究认为它们各占高危岗位矿工行为控制合理度的 50%。另外，安全管理投入度的提高，也会增强管理者生产行为合理度，管理者的生产决策行为对于减少煤矿安全事故的作用更为突出，假设管理参与度中 60% 分配给了管理者生产决策管理行为合理度上，40% 分配给高危岗位矿工行为控制合理度上。

5.2.6.2 系统仿真实验

通常来说，模型在使用之前需对其进行有效性检验。常见的有效性验证主要有：系统边界的有效性验证、相互作用变量的有效性验证、系统输出的有效性验证等[144]。

本研究主要关注高危岗位矿工习惯性违章行为形成过程中的变量及其相互关系，但因缺乏这些变量的历史数据，故难以对模型系统的输出进行有效性验证，在确定变量及其相互关系时，主要依据安全管理理论，并且使用模型的目的主要是用来分析一些重要变量对高危岗位矿工习惯性违章行为水平的影响趋势，而不是精确预测习惯性违章行为水平达到什么程度。因此，该模型虽没有经过相关历史数据的系统输出验证，但它仍然对我们所要研究的问题具有一定解释力。下文就用该模型进行相关问题的模拟与仿真研究。

高危岗位矿工习惯性违章行为形成系统的三个构成要素为：高危岗位矿工自身、作业环境和组织管理因素。通过第 4 章的分析结果，确定这三个因素的权重分别为：0.33、0.29、0.38，因此有如下关系：

高危岗位矿工习惯性违章行为改善水平＝0.33×高危岗位
矿工自身水平＋0.29×作业环境水平＋0.38×组织管理水平

(5-17)

（1）高危岗位矿工习惯性违章行为的演化趋势跟踪 在高危岗位矿工

习惯性违章行为形成演化趋势模拟中，有一个重要变量需要考虑，即现场安全作业流程及规程合理度，这个指标应该是介于0～1之间的数值。首先分析现场安全作业流程及规程合理度的模拟效果是否合理。

从图5-3可看出，现场安全作业流程及规程合理度随着模拟时间的延长而增大，增大的速度随着时间的延长而减小，这与实际情况吻合，说明重要变量的模拟效果与实际情况一致，本模型没有出现常识性错误。

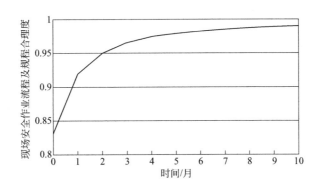

图5-3 现场安全作业流程及规程合理度模拟

从图5-4可看出，只要煤矿企业能够坚持持续改进，高危岗位矿工习惯性违章行为改善水平就会随着时间的推移而提高，但随着时间的推移其提升率会降低，这主要是由于高危岗位矿工自身安全观念改变难度增加、新技术的使用、设备的更新难度增大、可借鉴的新的组织管理经验更新率变慢及高危岗位矿工行为提升至更合理水平越来越难。图5-4表明，高危岗位矿工习惯性违章行为改善水平可以持续提升，但随着习惯性违章行为改善水平的提高其提升难度加大。

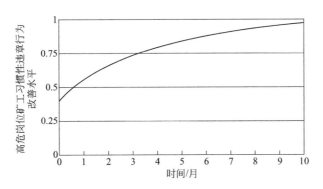

图5-4 高危岗位矿工习惯性违章行为改善水平模拟

由图 5-5 至图 5-7 可见，相对而言，作业环境水平的提升最为容易，同期内可以提升 1.6 左右；高危岗位矿工自身因素水平的提升难度居中，同期内可以提升 0.45 左右；组织管理水平的提升难度最大，同期内只能提升 0.1 左右。

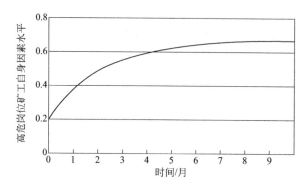

图 5-5 高危岗位矿工自身因素水平模拟

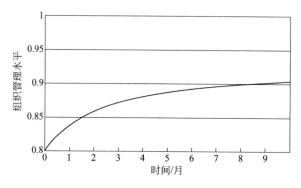

图 5-6 组织管理水平模拟

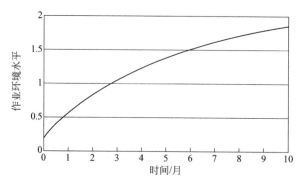

图 5-7 作业环境水平模拟

出现上述情况的原因在于，安全科学技术发展迅猛，机器装备更新换代很快，新的安全技术发明时间日益缩短，促使作业环境改善的安全新技术和新方法日益增多，只要企业在资金投入上能够保证，物理环境安全水平、机器装备安全水平、作业环境安全水平在短期内就会有很大的提升，从而使得作业环境水平的提升最为容易。

企业通过学习其他相关单位的先进安全管理经验和较好的安全管理制度，会促使本企业安全制度水平有较大的提升，进而会通过安全制度进一步约束管理者和员工的不安全行为，促使企业安全行为合理程度提升。但一方面，安全制度水平向较高层次提升的难度日益增大；另一方面，管理者安全行为和员工安全行为都是属于人的行为，人的行为受到社会安全价值观、个人安全需要、人的心理等主观和客观因素的影响，所以高危岗位矿工自身安全水平向较高层次的提升难度比较大。

组织管理是短期内较难改变的量，因为价值观、安全理念、安全思维方式是经过长期形成的，这些要素在短期内很难改变，除非是发生令人触动很大的突然事件，所以组织管理水平提升最为困难。

以上分析表明，高危岗位矿工习惯性违章行为改善水平是可以不断提升的，随着其不断提高提升难度加大。作为习惯性违章行为形成系统的三个构成要素，组织管理水平和高危岗位矿工自身因素水平的提升最为困难，这也是高危岗位矿工习惯性违章行为惯性治理中应该重点关注的内容。

（2）改变组织管理因素作用程度的高危岗位矿工习惯性违章行为演化路径仿真　组织管理是习惯性违章行为形成系统的核心，支配和决定安全行为的选择，而高危岗位矿工自身和作业环境也会促进和推动组织管理水平的改变。

本模型中，组织管理通过影响管理者和高危岗位矿工安全意识从而支配和决定其行为选择。以下通过调整组织管理水平对管理者和高危岗位矿工安全意识的影响系数，来考察高危岗位矿工习惯性违章行为及其构成要素的变化过程。

图 5-8 至图 5-11 中，虚线表示调整前各变量的变化趋势，实线表示调高组织管理水平对管理者和高危岗位矿工安全意识的影响系数后所得到的各变量的变化趋势。可以看出，调高组织管理水平对管理者和高危岗位矿工安全意识的影响系数后，习惯性违章行为改善水平、组织管理水平、高危岗位矿工自身因素水平和作业环境水平的前期都有提升，其中作业环境

水平提升最快，这说明当组织管理对管理者安全意识的影响增大后，随着管理者安全意识的增强，企业管理者会提高组织承诺度和安全氛围水平，从而促进企业作业环境水平大幅提升。

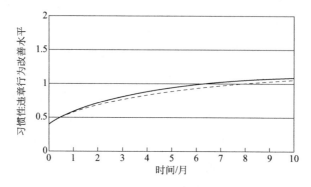

图 5-8　习惯性违章行为改善水平变化趋势（调高影响系数）

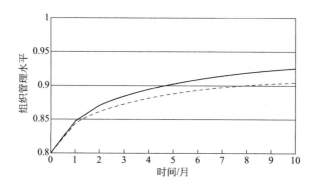

图 5-9　组织管理水平变化趋势（调高影响系数）

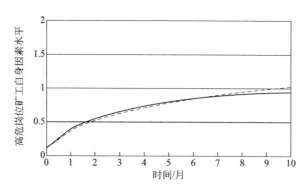

图 5-10　高危岗位矿工自身因素水平变化趋势（调高影响系数）

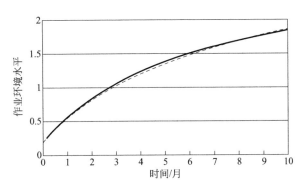

图 5-11　作业环境水平变化趋势（调高影响系数）

（3）改变管理者和高危岗位矿工安全意识相关变量的习惯性违章行为演化路径仿真　煤矿企业管理者和高危岗位矿工是企业安全生产有效运行的依靠，高危岗位矿工习惯性违章行为的改善过程更需要管理者的参与。以下分析改变管理者和高危岗位矿工安全意识相关变量，高危岗位矿工习惯性违章行为及其构成要素的变化过程。

从图 5-12 至图 5-15 可以看出，当增加企业的组织承诺度和安全氛围水平后，示范性规范度水平会上升，高危岗位矿工习惯性违章行为改善水平和作业环境水平在短期内都有上升，其中，作业环境水平增加最快。主要原因在于，当企业增强组织承诺度和管理参与度时，管理者在短期内会对相对容易提升的作业环境水平采取相应的措施，如引进先进的管理经验、更新老化设备、改变作业环境等。而对于组织管理和高危岗位矿工自身因素水平的改变并不明显，这说明组织管理水平和高危岗位矿工自身因素水平的提升是一个长期的过程，要实现组织管理水平和高危岗位矿工自身因素水平的提升，煤矿企业必须要有一套切实可行的长效机制。

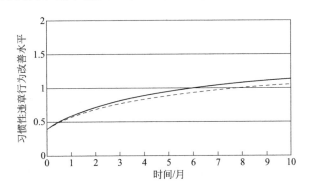

图 5-12　习惯性违章行为改善水平变化趋势（增加组织承诺度和安全氛围水平）

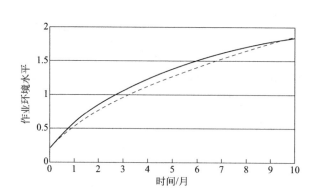

图 5-13 作业环境水平变化趋势（增加组织承诺度和安全氛围水平）

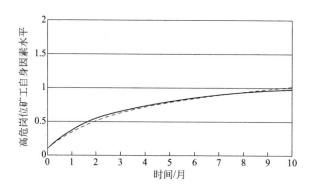

图 5-14 高危岗位矿工自身因素水平变化趋势（增加组织承诺度和安全氛围水平）

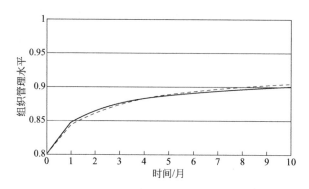

图 5-15 组织管理水平变化趋势（增加组织承诺度和安全氛围水平）

上述分析结果表明，在高危岗位矿工习惯性违章行为形成演化过程中，增强组织管理水平对管理者和高危岗位矿工安全意识的影响系数可促使习惯性违章行为改善水平、作业环境水平、高危岗位矿工自身因素水平和组织管理水平前期有较快提升；增强煤矿组织承诺度和安全氛围水平可促使三个子系统水平提升，尤其是煤矿作业环境水平短期内获得较快提升。因此，煤矿企业在进行高危岗位矿工习惯性违章行为治理时应首先考虑，增强组织管理水平对管理者和高危岗位矿工安全意识的影响、提高煤矿组织安全承诺度和安全氛围水平，以促使习惯性违章行为改善水平短期内获得较快提升，并且通过建立相应的安全管理长效机制促使煤矿企业违章习惯治理和遵章习惯养成的持续性。

5.3
讨论与结论

本章对高危岗位矿工习惯性违章行为的形成机理进行了定性分析，并据此构建了系统动力学模型，对相应问题进行了仿真研究。首先通过对系统中一些重要反馈回路、重要变量关系等问题的分析和确定，绘制了高危岗位矿工习惯性违章行为形成过程的系统动力学因果关系图和系统流图。然后基于流图分别对高危岗位矿工习惯性违章行为改善趋势模拟、高危岗位矿工习惯性违章行为演化过程分析、改变管理者安全意识相关变量的高危岗位矿工习惯性违章行为演化过程模拟，揭示了高危岗位矿工习惯性违章行为形成演化的最优路径。最后，本章根据模拟结果提出了高危岗位矿工习惯性违章行为治理路径：要考虑增强煤矿组织管理水平对管理者和高危岗位矿工安全意识的影响，提高煤矿企业组织承诺度、安全氛围和示范性规范度，以促使高危岗位矿工习惯性违章行为改善水平短期内获得较快提升，并建立一套切实可行的长效机制保障习惯性违章行为治理。具体结论如下。

（1）高危岗位矿工习惯性违章行为形成演化是高危岗位矿工自身因素、作业环境因素和组织管理因素交互作用的结果。受动因系统中组织管理与高危岗位矿工心理抑制因素相互制约关系的影响，高危岗位矿工习惯性违章行为形成演化系统是一个非线性的动态系统。

（2）仿真结果显示，高危岗位矿工习惯性违章行为改善水平的提升永无止境，并且随着水平层次的提高其提升难度不断增大；同期内，作业环境安全水平提升最容易，作用出现时间也较早，高危岗位矿工自身安全水平提升难度居中，组织管理水平提升难度最大，但作用存续时间最长；提高组织管理水平对管理者和高危岗位矿工安全意识的影响系数后，高危岗位矿工习惯性违章行为改善水平、组织管理水平、作业环境水平前期都有提升；增强组织承诺度、安全氛围和示范性规范度后，高危岗位矿工习惯性违章行为改善水平、作业环境水平和高危岗位矿工自身安全水平在短期内都有上升。

（3）从各子系统对习惯性违章行为演化作用时间来看，作业环境、高危岗位矿工自身因素促进作用出现的时间要早一些，尤其体现在高危岗位矿工安全意识和安全自制力上，而组织管理作用的存续时间要长一些。同时，受高危岗位矿工个体存在惰性和遗忘效应的影响，习惯性违章行为改善水平会在一定拐点处下降。因此，在对高危岗位矿工习惯性违章行为治理时，需根据环境和个体变化调节治理力度及调整策略组合。

6
习惯性违章行为治理

6.1
高危岗位矿工习惯性违章行为治理机制

机制原指机械、机械装置或机械构造的运行原理，后泛指某一复杂系统的内部结构、运行工作原理及其内在规律性[145,146]。在社会经济系统中，机制一词常被看作系统内各因素间相互联系、相互作用的方式和系统结构功能及其所遵循的运行规则总和。目前，大部分关于驱动力机制的研究多集中于组织管理变革，其研究成果对分析高危岗位矿工习惯性违章行为治理机制有鲜明的指导意义。

高危岗位矿工行为机制的核心是其心理因素，并受作业环境和管理环境影响。高危岗位矿工习惯性违章行为治理要从各影响方面入手，并根据前文分析结果，从短期内最有利于改变习惯性违章行为及影响力最大的因素着手。在治理过程中，不仅要对原有的不良行为习惯矫正，而且同时要塑造良好的行为习惯。瓦斯事故发生率低，死亡率高，因此，有些煤矿忽视了瓦斯作业人员突发事件下应急能力的培养，一旦事故发生，对未知的恐慌和不知所措将会造成更大的伤亡。在治理中，优秀心理品质的培养，不仅要注重作业过程中的心理，而且要注重突发事件下应急心理的培养。

6.1.1 高危岗位矿工习惯性违章行为治理机制运作力分析

根据斜坡球体论，将高危岗位矿工习惯性违章行为治理（习惯性遵章行为养成训练）视为在斜坡上运动的物体，将高危岗位矿工习惯性违章行为的属性特征视为其质量，物体的运动状态内在地受其质量影响。治理过程中受到的诸"力"如图 6-1 所示。

综合第 4 章静态分析结果和第 5 章动态分析结果，促进高危岗位矿工习惯性违章行为治理（习惯性遵章行为养成训练）的动力有：

$F_{止}$：基础管理水平是习惯性违章行为治理的止动力；

$F_{牵}$：安全氛围是习惯性违章行为治理的牵引力；

$F_{推}$：激励机制和监管机制是习惯性违章行为治理的推动力。

阻碍高危岗位矿工习惯性违章行为治理（习惯性遵章行为养成训练）的阻力有：

$F_{阻}$：作业环境压力是习惯性违章行为治理的下滑力；心理因素，如惰性和侥幸心理等，也是习惯性违章行为治理的下滑力。

由图 6-1 可知，要使高危岗位矿工习惯性违章行为治理朝着预期方向前进，必须使 $F_{动}$（$F_{止}$＋$F_{牵}$＋$F_{推}$）大于 $F_{阻}$。

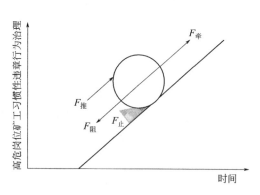

图 6-1　习惯性违章行为治理斜坡球体论分析

（1）高危岗位矿工习惯性违章行为治理动力分析

① 止动力——煤矿企业基础管理水平　高危岗位矿工习惯性违章行

为治理止动力是支持习惯性违章行为治理正常运行的力或防止习惯性违章行为治理水平下滑的力。主要包括煤矿企业基础性管理工作，如对各项安全管理制度的执行是否到位、能否严格按照安全作业流程及规程办事等。基础性管理工作是高危岗位矿工完成工作任务而提供资料的依据和基本手段，是生产活动有序进行的重要保证。进行高危岗位矿工习惯性违章行为治理的必要条件就是抓好煤矿企业基础管理工作。

煤矿企业基础管理工作是高危岗位矿工习惯性违章行为强制治理路径发挥作用的保障。

② 牵引力——班组安全氛围　高危岗位矿工习惯性违章行为治理牵引力是引领习惯性违章行为治理水平进一步提升的主要力量。主要包括班组安全氛围，它体现了班组成员的安全意识惯性、思维惯性、安全价值观和安全行为规范。良好的安全氛围有利于高危岗位矿工对安全生产状况树立正确的认识，克服其不良心理状态，从而影响其生产作业行为决策合理度。

安全氛围有助于高危岗位矿工习惯性违章行为自然治理路径发挥作用。安全氛围体现了高危岗位矿工最基本、最主要的安全价值观念，指明了高危岗位矿工在安全方面的总体努力方向，对高危岗位矿工的安全思维和行为起到自发的引导作用。高危岗位矿工在做出行为决策时，受良好安全氛围的影响，从而提高自身对无意识违章行为和有意识违章行为的控制。

③ 推动力——激励机制和监管机制　高危岗位矿工习惯性违章行为治理推动力是推动习惯性违章行为治理进一步前进的力量。主要包括煤矿企业激励机制和监管机制，尤其是激励机制，它是行为调整过程中的一种正向强化，通过一套理性化的制度和机制来反映高危岗位矿工和煤矿企业的相互作用。激励机制能通过满足高危岗位矿工需求，激发高危岗位矿工安全动机，增强其行为内在动力，促使行为选择向积极方向发展。

高危岗位矿工习惯性违章行为治理是高危岗位矿工内在心理因素（需要动机）和内外环境因素相互作用的结果。治理动力来源于高危岗位矿工的共同安全心理需求，尤其是积极的安全情感体验。影响高危岗位矿工积极情感认知、评价和体验的外部环境主要有任务分配、管理控制、激励机制以及班组人际关系等。

高危岗位矿工习惯性违章行为治理需要高危岗位矿工持久的积极性和

热情，而激励机制就是保持高危岗位矿工积极性和热情的稳定剂。激励机制对高危岗位矿工某种符合组织期望的遵章行为具有反复强化作用。同时，负强化和惩罚等监管措施也能对高危岗位矿工的违章行为起到约束作用。

高危岗位矿工主动投入持久的积极性和热情受心理情绪的影响，因此，要保证高危岗位矿工带着积极情感体验主动投入到煤矿企业习惯性违章行为治理中，就首先要保证高危岗位矿工心理情绪的稳定性和快乐性。

（2）高危岗位矿工习惯性违章行为治理阻力分析　高危岗位矿工习惯性违章行为治理的阻力是指阻碍治理水平上升的力量，主要包括作业环境压力和高危岗位矿工不良心理因素，如惰性和侥幸心理。作业环境压力是高危岗位矿工在日常作业中，对井下压力事件经认知评价后形成的一种持续紧张的综合性心理状态，是高危岗位矿工和作业环境之间的一种特殊关系。高危岗位矿工和作业环境的关系无论在时间上、工作任务或活动上，都是动态关联的，它们的关系总在变动之中。作业环境压力具有一些基本心理特性，主要表现为情绪性和动力性。情绪性是指高危岗位矿工有心理压力时总带有明显紧张的情绪体验的特性；动力性是指心理压力对高危岗位矿工行为的调节作用。

高危岗位矿工作业环境压力会严重影响习惯性违章行为治理的顺利进行。关注高危岗位矿工作业环境压力，首先就要重视它的特殊性，即相关职业特性。

① 煤矿作业环境复杂恶劣，面临很大的人身安全风险。不仅要面对黑暗、潮湿、噪声、煤尘、地热等工作环境，还要面临水、火、瓦斯、煤尘、顶板五大自然灾害以及生产设备隐患带来的伤害，随时有受伤和失去生命的危险，易受尘肺病和风湿病等职业病危害。

② 劳动强度大，高危岗位矿工在狭窄黑暗的井下空间里长距离行走、搬运沉重的设备，工作单调乏味，体力付出极大。双休日很少能够正常休息，经常倒班，不能正常恢复体力。

③ 煤矿企业对高危岗位矿工的管理简单粗放，缺乏人性化关怀。煤矿开采要求井下必须规范管理，但有些干部的工作方法简单粗暴，工作作风很难让人接受。由于缺乏必要的人文关怀，高危岗位矿工不满情绪不能有效化解。

④ 高危岗位矿工文化层次低，自我情绪调节能力差。工作压力使高

危岗位矿工工作情绪低落，产生不安全心理，已经成为井下安全生产的隐患。

在高危岗位矿工习惯性违章行为治理过程中除了作业环境压力的干扰，还有高危岗位矿工自身不良心理因素的干扰，如惰性和侥幸心理。当习惯性违章行为治理取得一定成效时，若忽视高危岗位矿工心理因素的作用，就会使得惰性和侥幸心理发挥干扰作用。人本能的惰性会驱使高危岗位矿工在作业中违反章程，以图省时省劲省力；而侥幸心理的驱使又会让高危岗位矿工低估风险危害性。

6.1.2 高危岗位矿工习惯性违章行为治理机构及其协作方式

在构建高危岗位矿工习惯性违章行为治理机制工作开始前，首先要明确负责该项工作的机构和人员，做好作业日程安排，有计划、有步骤，深入浅出、由表及里、循序渐进地构建程序，从安全宣言、安全作业行为规范、群策群力活动、行为考核四个方面整体推进、系统运作。

在负责机构的确定过程中，主要选择与高危岗位矿工安全行为管理密切相关的部门，如安全监管部门、安全培训部门、安全生产指挥部门。参与人员包括这些机构的主要工作人员和所有高危岗位矿工。安全生产指挥部门和安全监管部门负责在作业一线对高危岗位矿工的行为进行观察并记录，通过考核筛选出有习惯性违章倾向的高危岗位矿工，及其行为发生地点，将其列为治理对象，并将这些信息上报给安全培训部门。安全培训部门根据收到的信息，与这些高危岗位矿工进行充分沟通交流，并结合这些违章行为特性，确定行为调整方式，一定周期后，对行为进行考核，并将信息反馈给高危岗位矿工。在此过程中，三个部门共同致力于煤矿企业组织管理水平的提高，进而促进高危岗位矿工习惯性违章行为的治理进程。

同时，还要发挥煤矿组织工会部门的作用，协调三个部门，充分和高危岗位矿工家庭成员沟通，建立家庭-企业互联影响，降低生活事件对高危岗位矿工作业行为影响，并通过家庭成员的说教改善其习惯性违章行为。

6.1.3 高危岗位矿工习惯性违章行为治理机制的事前管理模式

由于高危岗位矿工习惯性违章行为治理涉及组织管理、高危岗位矿工自身和作业环境等众多因素，各变量之间关系复杂，变化性大，可控性弱，因此需要与现有的煤矿行为安全管理系统相结合，探索和建立一系列行之有效的新的管理技术和方法。

由于高危岗位矿工违章不一定导致事故，使得有些高危岗位矿工自身风险警惕性降低，习惯性地简化作业规程，一旦发生突发事故，缺乏应急处理能力，慌乱中可能造成更大的负面影响。结合高危岗位矿工习惯性违章行为防治和习惯性遵章行为养成训练的现实要求，本研究在管理学和行为科学理论基础上，提出了事前管理模式。该模式基于高危岗位矿工"复杂人（经济人＋社会人）"假设，包括精细化管理、双重激励、超越目标。该模式以安全行为结果契约作为各级管理者、高危岗位矿工与组织的纽带，将各级管理者、高危岗位矿工行为与组织安全价值观有机结合，使意识形态上的安全行为决策升华为安全氛围和高危岗位矿工标准化作业，将科学管理和人性化管理有机融合与统一。

首先，以作业安全行为标准为准绳，量化各级管理者和高危岗位矿工工作行为和结果，为双重激励提供科学依据；其次，通过建立各级管理者和高危岗位矿工安全行为档案，用驱动力与约束力双重互动激励实现精细化管理，实施改善与反馈并存的绩效考核制度，量化各级管理者和高危岗位矿工行为；再次，将作业安全行为标准与各级管理者、高危岗位矿工安全教育实战模拟演练系统和个人成长计划相结合，为各级管理者和高危岗位矿工量身打造良好的职业发展平台。

（1）各级管理者和高危岗位矿工安全行为评价　量化安全管理者和高危岗位矿工作业行为，结合问卷调查、仪器测试和行为投射法，定期进行评价，并将结果记录入档。评价不能作为结束，而是一个管理周期的开始。

（2）双重互动激励　根据评价结果，以正向激励激发工作意愿，使安全管理者和高危岗位矿工主动规范自己的作业行为，正向激励手段应根据每位安全管理者和高危岗位矿工的不同需要设计。

同时，还应进行负向激励，主动塑造危机意识，使安全管理者和高危岗位矿工做到"居安思危，居危思进"。但是这种危机意识要保持"度"，即要寻求增压与减压管理的动态平衡。

（3）超越既定目标　以行为评价和双重激励确保高危岗位矿工习惯性违章行为治理目标的实现与超越；以习惯性遵章行为养成训练提升高危岗位矿工个人价值，实现高危岗位矿工自身职业发展规划目标。

6.2
高危岗位矿工习惯性违章行为治理措施

6.2.1　习惯性违章行为治理阶段

在治理过程中，一方面要有较大的动力来拉动，不断提升习惯性违章行为治理水平；另一方面要克服产生的阻力，以使治理中的行为不至于产生停滞和下滑。

如图 6-2 所示，治理过程存在三种状态。每种状态下，基本管理手段也不同，如图 6-3 所示。

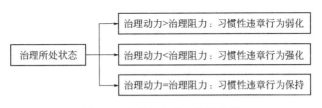

图 6-2　治理状态的三种可能性

（1）治理动力小于治理阻力（可称为负治理力，即高危岗位矿工习惯性违章行为治理水平下滑）　煤矿企业应通过一种强制手段推动治理力与治理目标相一致。这种强制手段主要体现在严格遵守安全制度和作业安全流程及规程、有效完成治理目标分解的任务上。同时，该阶段的主要工作

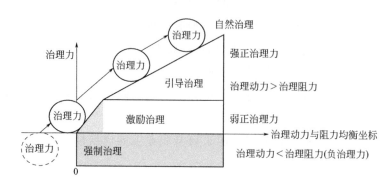

图 6-3　习惯性违章行为治理力管理方式

还有削弱治理阻力，主要通过对作业现场高危岗位矿工的安全纪律、制度与流程进行培训和考核来实现。

（2）治理动力和治理阻力相当（可称为均衡治理力，即高危岗位矿工习惯性违章行为治理状态相对稳定）　此阶段，应注重让安全管理者和高危岗位矿工接受各种层次的安全教育和培训，强化治理动力，使治理动力超过治理阻力。

（3）治理动力大于治理阻力

① 治理动力略大于治理阻力（可称为弱治理力，即治理有微弱提升趋势）　该阶段习惯性违章行为治理力有一定强度，煤矿企业各级管理者此时不仅要保持原有治理动力，更要强化这一动力，并在此基础上尽可能地消除治理过程中产生的阻力，从而使治理效果不断提升。这一阶段煤矿企业的重点应该是精神激励与物质激励结合，以强化精神激励为主。

② 治理动力较大于治理阻力（可称为强治理力，即治理力有较强的提升趋势）　治理力提升过程中还蕴涵着煤矿企业安全氛围的形成，这种思维习惯的形成能促使习惯性违章行为治理从被动向主动转化。这是习惯性违章行为治理力提升的最为关键的要素。在这一阶段，各级管理者的重点在于强调安全价值观引导和精神激励，主要通过满足高危岗位矿工高层次个性化需要和逐渐形成安全氛围来营造组织与高危岗位矿工和谐相融的安全文化环境，以保证治理效果的持续提升。

6.2.2 习惯性违章行为治理方式

　　高危岗位矿工习惯性违章行为形成和演化方式有两种——基于控制论的强制演化和基于自组织理论的自然演化，因此治理方式对应有两种——强制治理和自然治理。而且治理要两手抓，即不良旧习惯的矫正和良好新习惯的塑造。

　　从心理学角度分析，习惯性违章行为的心理过程包括：高危岗位矿工的安全需要（高危岗位矿工在安全认识及认识评价基础上产生）→由安全需要所指向的动机（安全需要转变成对象性的心理状态）→特定动机引发的行为决策行动→行为选择的心理反馈（高危岗位矿工完成这个行为实践后，综合这一过程的决策信息形成安全观念）。由此可见，高危岗位矿工的心理过程是其行为机制的核心，对其行为治理必须从心理上入手引导。

　　因此，提出包含各级管理者和高危岗位矿工安全宣言、安全作业行为标准化、群策群力活动和高危岗位矿工习惯性违章行为考核四个模块的心理、制度、行为、反馈"四轮驱动"治理模式。

　　① 各级管理者和高危岗位矿工安全宣言是习惯性违章行为治理的起点，为煤矿企业塑造了一个良好的安全氛围　各级管理者和高危岗位矿工通过优秀心理品质的培养，以内心的自我约束弥补安全监管制度约束的盲点，从被动安全转变到主动安全。这一阶段实现"以理念的形式使其信仰化"，对不良习惯进行自然"解冻"。

　　② 安全作业行为标准化是治理的制度保障，保障旧习惯改变和新习惯养成的持续性　通过安全教育培训方式和领导方式的改变，使习惯性违章行为治理从以往单纯制度契约下的惩罚控制转变为制度契约与关系契约结合下的自觉执行。这一阶段实现"以制度的形式使其机制化"，将强制治理与自然治理完美结合。

　　③ 群策群力活动是治理的激励与控制过程　高危岗位矿工作为活动主体，通过遵章和违章的亲身感受，为破除组织陈规陋习、自我完善及安全管理出谋划策。

　　④ 行为考核和反馈是治理的导向　通过高危岗位矿工行为考核，及

时作出反馈，并适应性地调整治理策略，提升治理的有效性。

高危岗位矿工习惯性违章行为四轮治理模式具体如图 6-4 所示。

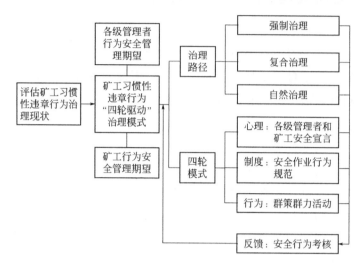

图 6-4　习惯性违章行为的四轮治理模式

6.2.2.1　心理评估与积极心理品质培养

高危岗位矿工在工作中普遍缺乏积极的心理体验，即缺乏工作幸福感。高危岗位矿工作业性质的特殊性使得其作业中经常精神高度紧张，心理疲劳度过重，这种情况下使习惯性违章行为频率也加大。因此，根据前文影响习惯性违章行为的主要变量，在治理时首先应该提高高危岗位矿工的工作幸福感和积极心理体验，使其主动地参与到治理过程中。企业需要重新认识和理解"以人为本"的理念，这将是思想上的一次治理。在管理思想转变的基础上，通过塑造高危岗位矿工的积极人格、改善积极的工作环境、增强高危岗位矿工的积极情感体验，便能培育高危岗位矿工对于安全生产的积极心理需求，包括对安全生产活动的情感需求与认知需求。

（1）心理评估　高危岗位矿工安全心理结构是其习惯性遵章行为的重要心理机制。但心理结构因人而异，煤矿企业安全管理和安全培训部门应该建立高危岗位矿工心理素质档案，借助成熟的"Y-G 人格心理测量量表"，进行适应性修改后，从情绪稳定性、心理适应性和行为自制力三方面对高危岗位矿工进行测量，并将结果记录入档。根据结果，针对不同对象的不同情况，采取不同的心理治疗措施；并根据岗位分析，将适当的人员安排到适当的岗位上，降低性格-工作不匹配度。

（2）加强积极心理品质培养

① 塑造高危岗位矿工积极心理，让高危岗位矿工有快乐的情感体验

塑造高危岗位矿工积极心理是对高危岗位矿工积极的心理特质进行选择性培育，主要包括心理认知、消极心理释放、积极心理引导和积极心理强化四个阶段。心理认知是试图让高危岗位矿工打开对心理认识的本质需求，让高危岗位矿工了解到心理和情绪的一般规律及其在安全生产管理中的价值和意义，主要通过课堂理论和案例教学法、班组集中学习讨论法进行。消极心理释放是对高危岗位矿工消极心理进行实时监控，并采取措施及时将其消极心理释放，保证"高危岗位矿工携带消极不下井，下井高危岗位矿工不消极"。为此，在班组之间建立一种消极心理长效监督机制，由班组长负责，同事间相互监督，当觉察到有同事因为在工作生活中遇到不顺而产生消极心理时及时上报，并由专职心理咨询师通过减压法、诱导自我发泄法等对其进行消极心理释放。积极心理引导是指创造积极的安全氛围，让员工在其中能够自觉自发感悟并指导自己的心理行为。如在矿区经常播放优美和谐的音乐旋律、组织员工定期观看乐观向上的心理电影、每年举办以爱生活为主题的摄影展等。积极心理强化主要是对员工个体已经产生的模糊不稳定的积极心理进一步加强，使之培养成为明确稳定的心理素质。主要通过对新员工每年两次、老员工每年一次的心理测试考核及组织心理素质拓展训练来进行。

② 开发高危岗位矿工心理行为训练系统　高危岗位矿工在煤矿企业有了快乐的情感体验，便会主动投身于煤矿企业的安全管理活动，积极参与高危岗位矿工习惯性违章行为治理。若习惯性违章行为已经成为高危岗位矿工作业时自发的一种习惯，就必须通过心理行为训练来强制矫正。

在以往行为矫正研究基础上[147~150]，提出高危岗位矿工心理行为训练程序。首先，要高危岗位矿工自主观测作业行为。通过有效地观测自身和他人行为，并用语言陈述这种行为，引导高危岗位矿工建立一种新的认知结构来认识违章问题。其次，帮助高危岗位矿工建立新的行为链，主要通过实战模拟演练、一帮一等方式，进而促使高危岗位矿工形成主动学习的习惯。行为调节透支理论揭示高危岗位矿工只有在足够的应对资源下才能

有效地矫正不良行为习惯。在这个过程中，行为训练者要不断地提高高危岗位矿工的应对技能，观察和评价习惯性违章行为矫正的效果，并作出激励，以增强习惯性违章行为矫正的稳定性和持续性。

心理行为训练系统的内容包括无意识层面的催眠心理辅导与意识层面的心理辅导。在无意识层面的催眠心理辅导中，进行催眠下的安全心理再现与分析、安全规范、压力释放等心理辅导；在意识层面的心理辅导中，进行情景模拟下的应急训练、认知重构、角色扮演、团体讨论、案例分析等心理辅导。通过反复辅导、持续强化来巩固训练效果，达到对行为的体验和管控，改变其原有的认知偏差，使高危岗位矿工养成良好的认知模式和行为应对模式，促进违章行为惯性的改变，解决因高危岗位矿工工作倦怠和危急情况下失去理性而导致的习惯性违章行为治理问题。

(3) 确定心理疲劳阈值，合理安排工作与休息时间　根据高危岗位矿工工作岗位动作分析，结合模拟实验，确定高危岗位矿工心理疲劳阈值，通过调整工作与休息时间、增加作业中的提醒次数等措施缓解高危岗位矿工心理疲劳程度，以及控制由此引起的安全注意力衰退状况。

6.2.2.2　强化组织管理水平

(1)改善安全教育培训方式　目前高危岗位矿工安全教育培训方式主要是知识技能的讲授和事故案例学习，这种单一的信息交流方式不利于将理论应用到实践中。安全培训只有将相关知识和实战模拟演练结合起来，才可以使高危岗位矿工最大限度地掌握作业要领。主要可以通过以下方式进行。

① 井下现场教育　安全培训部门选调高级专业技术人员深入矿井作业现场，零距离地讲授瓦斯作业方式和模拟突发事件情境，身临其境地指导应急处理方式，增强高危岗位矿工培训积极性和培训效果。

② 实战模拟演练　由于煤矿企业高危岗位矿工素质不同，对培训内容的理解和掌握程度也有较大差异，所以培训中还可以借助实战模拟演练方式弥补上述不足。煤矿企业可以和地方研究院所联合，对高危岗位矿工进行培训。借助某些研究院所的井下巷道及工作面模拟场景，由专人讲解作业情况，并让高危岗位矿工亲自动手操作，从意识形态上理解安全的重要性，并转化为行为决策。

由于人的遗忘和惰性效应,安全教育培训必须定期反复温习,这样才能保证旧习惯消除和新习惯养成的持续性。

(2)改善领导行为方式 管理者领导行为对员工日常安全生产工作有着重要的影响,这一结论已经被许多学者证实。在煤矿企业,班组长作为一线管理者,对高危岗位矿工的生产作业甚至日常生活有着最直接的影响。首先由机关成立领导行为调研小组,通过民意调查对班组长的领导行为进行摸底,然后在矿领导及高校管理学、心理学、社会学专家的研讨下,结合领导学理论成果,制定出"煤矿企业班组长领导行为规范",经员工一致通过同时班组长一致签名承诺后,开始实施;其次,由企业文化部负责按批次组织班组长进行领导行为培训,主要包括理论教学与情景模拟实践教学两个环节,每名班组长都要通过考核后才能上岗;随后,每半年在所有员工参与中对班组长进行一次领导行为民意调查,支持率小于 60% 的班组长,将没有资格担任下一期的职务。

6.2.2.3 群策群力活动

利用班会后时间,让当值高危岗位矿工将自己当天的作业情况记录下来,尤其是作业流程及作业过程中遇到的问题和应对措施。在集中学习时间,相互查看日志,从中发现各自习惯性的违章行为。通过对习惯性违章行为的自检与互检,今后在作业前事先对自己可能出现的习惯性违章行为做出预测,作业过程中涉及这些操作时,提高安全注意力,同时观察和监督其他班组成员的行为,实现班组内部互帮互助,共同进步。

6.2.3 习惯性违章行为治理的环境保障

行为是人和环境的函数,治理习惯性违章行为不仅要改善人的心理素质,而且要改善作业环境安全性,保障治理后的行为不再旧态复发。

(1)作业环境优化设计 环境因素能直接影响到人的心理舒适感,因此一个温馨、舒适的工作生活环境,对员工的安全生产工作无疑是一种保障。本着"以人为本"的理念,对员工进行"工作场所环境优化问题"的调研,发现众多迫切需要改进的地方。例如,井下地温太高,高危岗位矿工长期在高温下作业，对身体危害性极大。引进并实施制冰降温工程，把地温降低到 25℃，可大大改善井下的作业环境。为了能让高危岗位矿工在井下作业的 8 小时中方便地饮食以补充能量，把超市"搬"进矿井里，这样高危岗位矿工就能随时买到所需食品和饮料，这对曾经只带一盒饭下井作业一天的高危岗位矿工来说，简直是便利之极。在矿区内，聘请园林专家对矿山环境做系统规划，使得矿区环境一改从前的单调乏味，建成湖水依依、鱼鸟成群，十余种园林植被错落成荫，宛然生态公园，减少人们的心理疲劳。同时，满足员工们的要求，新建休闲设施，增加棋牌室、乒乓球台、台球桌，甚至可以批准工作出众的员工在人工湖内垂钓，人性化地增进员工的工作积极性。

（2）作业流程及规程合理化设计　煤矿安全绩效提高最直接的方法是业务流程本质安全化。生产作业流程的优化是依据煤矿企业倡导的价值观，分析现有业务中与企业倡导的安全价值观不相符合的业务，对煤矿生产的工作方法和管理流程等进行彻底的重新设计，特别是对那些可能使人们产生不安全行为的生产流程进行再造，建立新的本质安全的业务流程。生产作业流程的优化不仅是对煤矿的业务流程进行再造的过程，也是重新形成煤矿企业整体安全作业要求的过程。

工作流程优化是工作安全效率提高的重中之重。设计科学、严谨的班组工作流程对班组工作至关重要。流程治理主要包括三个环节：首先是业务流程分析诊断，它是对企业现有业务流程进行分析并找出问题给予诊断的过程；其次是业务流程再设计，针对分析诊断的结果，重新设计业务流程，使其趋于合理。流程再设计可表现为将多道工序的工作人员组合成工作团队共同工作，将串行工序改为并行工序；最后是业务流程重组的实施，这一阶段是将重新设计的流程真正落实，接受实践检验的环节。另外，工作流程的再造并非一个简单的线性过程，而是一个循环往复，不断适应的过程。

作为流程的实施者和操作者，班组成员对流程合理与否最有发言权。在每周安全学习日上，班组成员要立足工作实际，提出各工种工作流程的改进意见，说明原流程不足、改进依据、改进后的优势、能够解决的问题和带来的效益，班组长月总结后汇报段队长；每季度，段队长将各工作流程改进意见提交企管科，经领导评审通过，正式修改工作流程并下发各班组进行实施。班组高危岗位矿工工作基本流程可根据具体业务要求进行完善，尤其是业务流程中对安全至关重要的关键动作及高危岗位矿工最易违章和出错的动作（图6-5）。

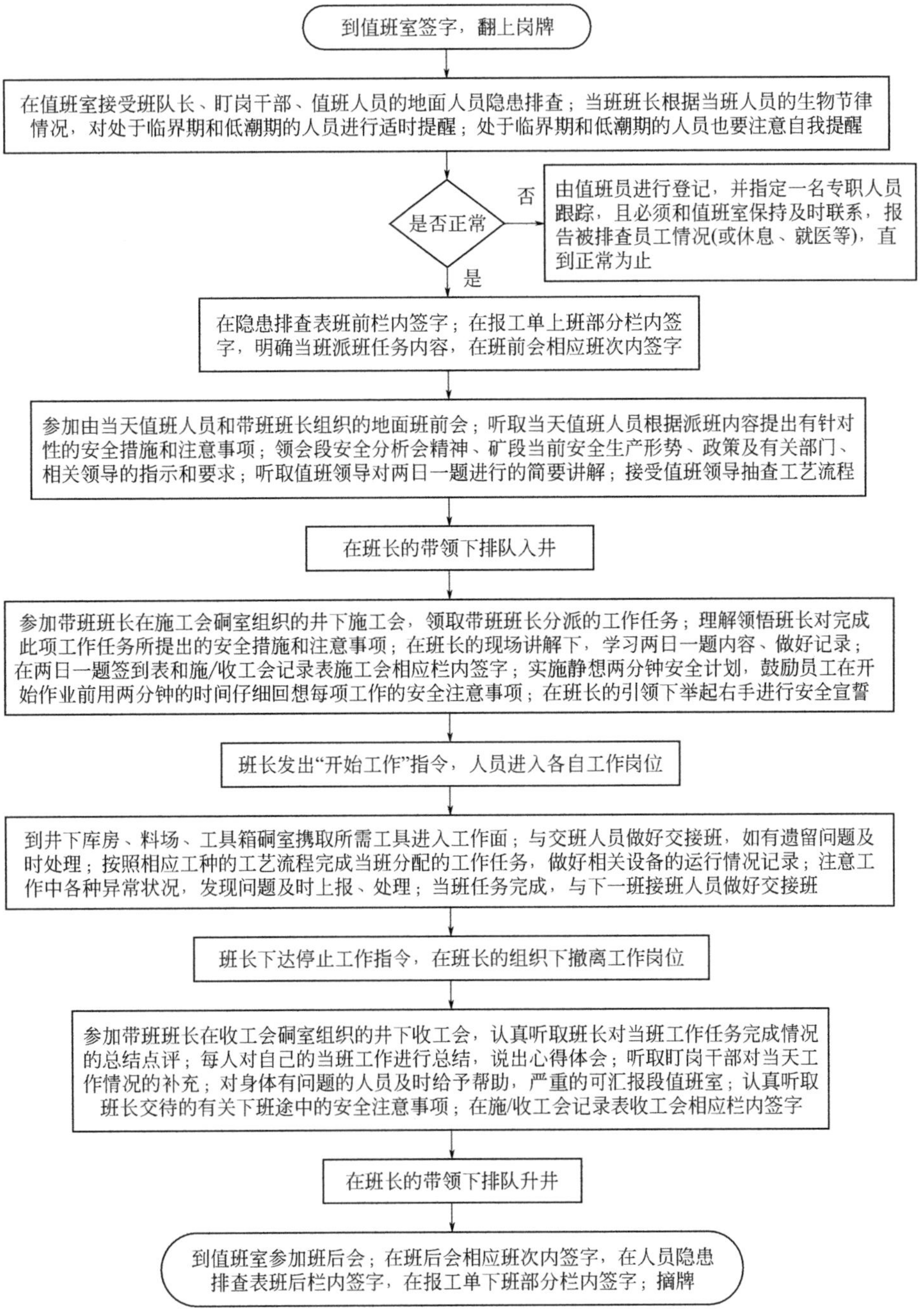

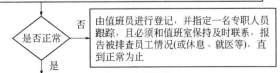

到值班室签字，翻上岗牌

在值班室接受班队长、盯岗干部、值班人员的地面人员隐患排查；当班班长根据当班人员的生物节律情况，对处于临界期和低潮期的人员进行适时提醒；处于临界期和低潮期的人员也要注意自我提醒

是否正常 —— 否 —— 由值班员进行登记，并指定一名专职人员跟踪，且必须和值班室保持及时联系，报告被排查员工情况(或休息、就医等)，直到正常为止

是

在隐患排查表班前栏内签字；在报工单上班部分栏内签字，明确当班派班任务内容，在班前会相应班次内签字

参加由当天值班人员和带班班长组织的地面班前会；听取当天值班人员根据派班内容提出有针对性的安全措施和注意事项；领会段安全分析会精神、矿段当前安全生产形势、政策及有关部门、相关领导的指示和要求；听取值班领导对两日一题进行的简要讲解；接受值班领导抽查工艺流程

在班长的带领下排队入井

参加带班班长在施工会硐室组织的井下施工会，领取带班班长分派的工作任务；理解领悟班长对完成此项工作任务所提出的安全措施和注意事项；在班长的现场讲解中，学习两日一题内容、做好记录；在两日一题签到表和施/收工会记录表施工会相应栏内签字；实施静想两分钟安全计划，鼓励员工在开始作业前用两分钟的时间仔细回想每项工作的安全注意事项；在班长的引领下举起右手进行安全宣誓

班长发出"开始工作"指令，人员进入各自工作岗位

到井下库房、料场、工具箱硐室携取所需工具进入工作面；与交班人员做好交接班，如有遗留问题及时处理；按照相应工种的工艺流程完成当班分配的工作任务，做好相关设备的运行情况记录；注意工作中各种异常状况，发现问题及时上报、处理；当班任务完成，与下一班接班人员做好交接班

班长下达停止工作指令，在班长的组织下撤离工作岗位

参加带班班长在收工会硐室组织的井下收工会，认真听取班长对当班工作任务完成情况的总结点评；每人对自己的当班工作进行总结，说出心得体会；听取盯岗干部对当天工作情况的补充；对身体有问题的人员及时给予帮助，严重的可汇报段值班室；认真听取班长交待的有关下班途中的安全注意事项；在施/收工会记录表收工会相应栏内签字

在班长的带领下排队升井

到值班室参加班后会；在班后会相应班次内签字，在人员隐患排查表班后栏内签字，在报工单下班部分栏内签字；摘牌

图6-5 优化后的作业流程

新的安全作业流程带来新的工作行为方式，新的工作行为方式引导高危岗位矿工形成符合安全要求的思维和行为习惯。只要组织继续存在，业务流程再造就不应该停止，安全行为习惯塑造才能持续发展。

7
结论与展望

7.1
主要研究结论

近年来，随着煤矿组织安全管理性能的不断提高，煤矿事故较以往得到了有效遏制，但重特大瓦斯事故仍时有发生，而且死亡人数占到全部事故的 80％，瓦斯事故波及面广，伤害力大。高危岗位矿工作为瓦斯作业的主体，其岗位职能非常重要。高危岗位矿工习惯性违章行为不必然导致事故，但确实造成过事故，因此有效治理这种行为迫在眉睫。本研究系统地梳理了国内外习惯性违章行为相关研究成果，对习惯性违章行为与不安全行为、故意违章行为的内涵做了清晰界定，并对相关概念的逻辑关系进行了辨析，初步建立了高危岗位矿工习惯性违章行为的研究框架。在此基础上，对高危岗位矿工习惯性违章行为进行了分类、辨识和评价，并对其影响因素、形成机理进行了系统性的理论与实证研究。基于此，提出习惯性违章行为治理的机制和措施。本研究主要做了以下工作。

（1）分析了高危岗位矿工习惯性违章行为特征　根据事故案例分析得出，瓦斯事故具有发生率低、死亡率高的特点，一些安全生产周期长的煤矿容易放松对瓦斯事故隐患的警惕；瓦斯作业中高危岗位矿工出现较多的有共性的习惯性违章行为有 47 种主要表现形式，而且这些行为高发于中午 11：00 和下午 16：00，地点特点是平时看来比较安全的作业区，年龄特点是 30 岁以下和 45 岁以上的高危岗位矿工，工龄特点是 1～3 年和 5 年以上的高危岗位矿工；大多高危岗位矿工习惯性违章行为的最初状态是有意识的，后经生理学模式和心理学模式作用，在违章而没造成严重后果的条件下，侥幸心理越来越重，生理需要占了主导地位，逐渐形成一种认知结构稳定的潜意识行为。

（2）分析了习惯性违章行为耦合关联特征　首先，分析违章行为属性值的分布特征及关联关系，运用关联规则（ARM）和耦合关系理论对各类违章行为下相应属性的关联系数进行求解，得到耦合关联度向量集，且从大到小排序；然后，依据排序后耦合关联度向量集映射成习惯性违章行为耦合关联分析模型；最后，引入召回率、精确率和平均绝对值误差（MAE）3 个指标，分别求解数据集和模型的指标结果。所建模型与 ARM 分析结果的对比表明，模型在习惯性违章行为关联关系分析的准确性与全面性方面效果良好。

（3）从静态角度构建了高危岗位矿工习惯性违章行为影响因素的 ISM 和 SEM 模型　高危岗位矿工习惯性违章行为是一个包含人、机器（含技术）、环境的复杂系统适应过程。基于文献资料分析、事故案例分析和开放式访谈结果，统计出高危岗位矿工习惯性违章行为的影响因素包括：高危岗位矿工自身因素、作业环境因素和组织管理因素三大层面。进一步细分，高危岗位矿工自身因素包括：安全意识、安全知识技能、安全自制力、受教育程度、工龄、安全自觉性和生理疲劳；作业环境因素包括：作业流程及规程、物理环境特征和机器装备特征；组织管理因素包括：组织安全承诺、安全氛围、示范性规范、安全教育培训和安全监管制度。分别从定性和定量角度构建了高危岗位矿工习惯性违章行为影响因素的 ISM 和 SEM 模型。结果表明：各影响因素对高危岗位矿工习惯性违章行为的影响效力是不同的，且因素间的相互影响作用也不同。直接因素（由大到小）是：示范性规范、安全知识技能、生理疲劳、物理环境特征、机器装备特征、受教育程度、工龄；间接因素是：安全意识、安全自制力、安全自觉性、安全监管制度、作业流程及规程、安全教育培训；深层因素是：安全氛围和组织承诺。煤矿企业在进行习惯性行为治理时，必须抓住其根本性原因，针对性治理，以提高治理效果。

（4）从动态角度构建了高危岗位矿工习惯性违章行为形成演化机理的系统动力学模型　从控制论和自组织理论角度对高危岗位矿工习惯性违章

行为演化路径进行深入剖析，得出：高危岗位矿工习惯性违章行为形成演化系统的核心是组织管理，作业环境和高危岗位矿工自身因素围绕组织管理相互影响，共同促进高危岗位矿工习惯性违章行为演化。强制演化是通过确定组织安全价值观和行为规范来引导个体和群体行为，而自然演化是通过个体和群体的相互作用形成组织安全价值观和行为规范。

通过构建系统动力学模型，分别对高危岗位矿工习惯性违章行为改善趋势、改变组织管理等相关变量的习惯性违章行为改善过程进行模拟，揭示了高危岗位矿工习惯性违章行为治理最优路径。结果表明：高危岗位矿工习惯性违章行为是可以不断克服的，随着习惯性违章行为改善水平的提高，其提高难度越大；同期内，习惯性违章行为水平的三个影响因素中作业环境水平提升最容易，高危岗位矿工自身因素水平其次，组织管理水平提升难度最大；提高组织管理对管理者和高危岗位矿工安全意识的影响系数后，前期的习惯性违章行为改善水平得到有效提高；当增加煤矿企业的组织承诺度、安全氛围和示范性规范度后，高危岗位矿工习惯性违章行为改善水平、高危岗位矿工自身因素水平和作业环境水平在短期内都有上升，且上升作用存续时间较长。基于此，高危岗位矿工习惯性违章行为治理要增强组织管理因素对安全意识的影响，提高组织承诺、安全氛围和示范性规范度，可促使高危岗位矿工习惯性违章行为水平短期内获得较强控制。

（5）提出了高危岗位矿工习惯性违章行为治理机制和措施　提出高危岗位矿工习惯性违章行为治理的止动力是煤矿企业基础管理水平，牵引力是班组安全氛围，推动力是激励机制和监管机制，阻力是作业环境压力和高危岗位矿工惰性；明确了治理机构——安全监管部、安全培训部、安全生产部和工会，四个部门应围绕安全作业行为标准化和安全绩效相互协作，共同促进习惯性违章行为治理，其中工会还应搭建煤矿组织和员工家庭的沟通桥梁；并提出了习惯性违章行为治理的事前管理模式——精细化管理、双重激励和超越目标。

根据治理阶段，从心理、制度、行为、反馈四方面提出各级管理者和高危岗位矿工安全宣言、安全作业行为标准化、群策群力活动、行为考核的"四轮驱动"治理模式，实现"以理念的形式使习惯性违章行为治理信仰化，以制度的形式使习惯性违章行为治理机制化"。心理方面以"让高危岗位矿工有'快乐'情感体验→主动参与快乐管理模式→心理行为训练系统"为主线，提出了心理评估和心理行为训练方式；制度方面以制度契约和关系契约相结合，提出了改善安全教育培训和领导行为的方式；行为方面主要通过高危岗位矿工不同班组间互查互助方式实现；反馈方面通过考核高危岗位矿工行为，及时反馈和调整治理策略。最后通过安全环境塑造保障治理后的习惯性违章行为治理效果得以固化。

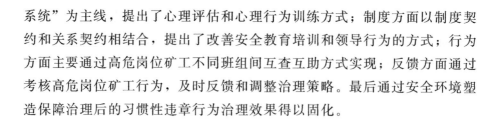

7.2
研究展望

本研究对煤矿高危岗位矿工习惯性违章行为问题进行了较为全面系统的研究，取得了一定的研究成果。但由于时间和水平等诸多条件限制，研究过程中不免存在局限，表现在以下方面。

（1）高危岗位矿工习惯性违章行为影响因素从高危岗位矿工自身因素、作业环境因素和组织管理因素三个层面进行了分析，研究框架也建立在这三者基础之上。然而，由于中国煤矿企业的复杂特征，高危岗位矿工习惯性违章行为的形成具有很强的动态性和复杂性，其机制的核心是个体和群体的心理过程，本研究仅对个体的心理过程进行了分析。

（2）实证研究方面　一是在煤矿企业样本选择上，主要研究了阜矿集团旗下井工矿，对私有矿和小煤窑少有涉及。二是相关研究数据的选择受到客观条件限制，由于过去煤矿企业并未对高危岗位矿工习惯性违章行为水平定期测定，本研究只对近期数据进行分析，并据此对其形成机理进行仿真。随着未来研究逐步完善，可观测数据将不断充实，以进行更加完整的实证研究，从而更能真实体现高危岗位矿工习惯性违章行为的形成演化规律。

综上而言，目前关于高危岗位矿工习惯性违章行为的研究仍停留在理论层面，系统性的实证研究和仿真模拟研究、实验研究仅仅是初步的探索，今后的研究趋势集中在以下几方面。

（1）进一步完善高危岗位矿工习惯性违章行为的辨识系统　深入挖掘煤矿企业各工种常见的习惯性违章行为表现形式，及各行为间的逻辑关系。在对表现分布特征、衡量标准等做进一步剖析的基础上，构建习惯性违章行为数字化管理系统，通过该系统使高危岗位矿工明确哪些行为是日常作业中隐蔽的或被忽视的习惯性违章行为，它的危害性是什么，以及如何去克服控制它。

（2）进一步探索高危岗位矿工习惯性违章行为的研究方法　安全设施、安全用具、安全环境是生产作业活动中物的安全状态，而安全技术措施、作业流程及规程等所有安全管理制度和规程规范，是人的安全行为的保障。无论物的安全状态还是人的安全行为都与人有关，即使是物的状态也因人存在或改变。人的各种行为离不开人的心理活动，研究人在生产过程中对安全的态度、意识、认识、思维等，比单纯解决物的状态要难得多。因为，人的多变性和差异性决定了它存在复杂性，这种复杂性恰恰成为今后应高度重视的问题。因此，未来的研究需要运用一定的心理学实验方法，从个体和群体的心理因素入手，研究高危岗位矿工习惯性违章行为惯性治理和习惯性遵章行为养成训练的方法、形式和途径。

（3）从本质上看，高危岗位矿工习惯性违章行为治理需要成本，这其中包括了生产管理者、高危岗位矿工和安全监督部门等主体之间的复杂的动态博弈过程。因此，从主体行为调整的角度研究其对行为养成的影响，也是今后重要的研究内容。

参 考 文 献

[1] 牛莉霞，李乃文，姜群山. 习惯性违章行为变革驱动力模型构建[J]. 中国安全科学学报，2014，24 (01)：28-33.

[2] 牛莉霞，李乃文，姜群山. 习惯性违章行为变革的系统动力学仿真[J]. 中国安全科学学报，2014，24(02)：28-34.

[3] 牛莉霞，刘谋兴，李乃文，黄敏. HVB 惯性度的 MPHMADM 评价[J]. 中国安全科学学报，2017，27(07)：48-52.

[4] 牛莉霞，刘谋兴，李乃文，黄敏. 工作倦怠、安全注意力与习惯性违章行为的关系[J]. 中国安全科学学报，2016，26(06)：19-24.

[5] Cyert R，March J. A behavioral theory of the Firm [M]. New Jersey：Prentice-Hall，1963.

[6] Burke W. Organization change：theory and practice [M]. Sage Publication，Tnc，2001.

[7] Beckman C M，Burton M D. Founding the future：path dependence in the evolution of the management teams from founding to IPO [M]. Organization Science，2008.

[8] 刘双跃. 矿工不安全行为致因分析及控制[J]. 中国安全生产科学技术，2013，9(1)：158-163.

[9] 吴玉华. 矿井作业人员不安全行为特征规律分析[J]. 煤矿安全，2009，(12)：124-128.

[10] 李乃文，马跃，牛莉霞. 基于计划行为理论的矿工故意违章行为意向研究[J]. 中国安全科学学报，2011，21(10)：3-9.

[11] 李乃文，牛莉霞. 矿工工作倦怠、不安全心理与不安全行为的结构模型[J]. 中国心理卫生杂志，2010，24(3)：236-240.

[12] 马彦廷. 煤矿员工故意性不安全行为心理分析及管控对策[J]. 神华科技，2010，8(3)：10-14.

[13] 曹庆仁，宋学锋. 不安全行为研究的难点及方法[J]. 中国煤矿，2006，32(11)：62-63.

[14] 吴玉华. 矿井作业人员不安全行为特征规律分析[J]. 煤矿安全，2009，(12)：124-128.

[15] 周刚，程卫民. 人因失误与人不安全行为相关原理的分析与探讨[J]. 中国安全科学学报，2008，18(3)：10-14.

[16] 赵志凯. 半监督学习及其在煤矿瓦斯安全信息处理中的应用研究[D]. 北京：中国矿业大学，2012.

[17] 威廉. 詹姆斯. 心理学原理[M]. 田平，译. 北京：中国城市出版社，2012.

[18] 罗宾斯，等. 组织行为学(第 12 版)[M]. 李原，等译. 北京：中国人民大学出版社，2008.

[19] 马斯洛. 动机与人格[M]. 北京：华夏出版社，1987.

[20] Derek C Dorris. Supporting the self-regulatory resource：does conscious self-regulation incidentally prime nonconscious support processes? [J]. Cogn Process，2009，(10)：283-291.

[21] 张光鉴. 科学教育与相似论[M]. 南京：江苏科学技术出版社，2000，328-340.

[22] Reason J. Human error [M]. Cambridge：Cambridge University Press，1990.

[23] 傅贵，李宣东，李军. 事故的共性原因及其行为科学预防策略[J]. 安全与环境学报，2005，5(1)：80-83.

[24] 沈新荣. 习惯性遵章体系的建立[J]. 中国电力企业管理，2008，(9)：68-70.

[25] 姜学军. 习惯性违章的成因及防范措施[J]. 电力安全技术，2003，5(6)：34.

[26] 渠立秋. 析习惯性违章的表现形式、特征、成因及预防措施[J]. 安全生产与监督，2007，4：31-32.

[27] 刘昭曙. 习惯性违章行为分析与控制[J]. 品牌与标准化，2009，18：52.

[28] 陈红. 中国煤矿重大事故中故意违章行为影响因素结构方程模型研究[J]. 系统工程理论与实践，2007，8：127-136.

[29] 张燕，陈维政. 基于多维尺度法的工作场所偏离行为的分类结构研究[J]. 软科学，2011，25(7)：133-134.

[30] 彭贺. 中国知识员工反生产行为分类的探索性研究[J]. 管理科学，2010，23(2)，86-93.

[31] 曾伏娥，罗茜，等. 网上消费者非伦理行为：特性、维度与测量[J]. 南开管理评论，2011，14(2)：26-36.

[32] 李英芹. 基于行为测量的煤矿人的不安全行为控制研究[D]. 西安：西安科技大学，2010.

[33] 曹杰. 行为科学[M]. 北京：科学技术文献出版社，1987.

[34] 孟庆伟，胡丹丹. 持续创新与企业惯性形成的认知根源[J]. 科学学研究，2005，23(3)：428-432.

[35] Hou B Y, Chen F. Safety psychology applicating on coal mine safety management based on information system [J]. Communications in Computer and Information Science, 2011, 143(1)：325-329.

[36] 赵霞，孟祥浩，刘星期. 煤矿瓦斯检验人员安全心理测量与分析[J]. 中国矿业，2013，22(2)：117-121.

[37] 郭伏，杨学涵. 人因工程学[M]. 沈阳：东北大学出版社，2001.

[38] 曹庆仁. 煤矿员工的"知-能-行"不安全行为模式研究[J]. 中国安全科学学报，2007，17(12)：19-25.

[39] 刘焕. 违章行为的心理原因分析及预防措施[J]. 沈阳大学学报，2007，19(5)：82-84.

[40] 雷钦礼. 财富积累、习惯、偏好改变、不确定性与家庭消费决策[J]. 经济学，2009，8(3)：1029-1046.

[41] 李乃文，牛莉霞. 矿工工作倦怠的结构及其问卷编制[J]. 西南大学学报：社科版，2009，35(6)：133-137.

[42] 郝志强. 浅析人的不安全行为的原因及对策[J]. 采矿技术，2004，(4)：39.

[43] 林泽炎. 人为事故预防学[M]. 黑龙江教育出版社，1998.

[44] Senge P M. The Fifth Discipline：The art and practice of the learning organization [M]. New York：Doubleday Currency，1990.

[45] 刘峥. 大学生认同与践行社会主义核心价值观研究[D]. 长沙：中南大学，2012.

[46] 王聚良. 自制力是一种重要能力[N]. 解放军报，2011，4 月 10 日第 7 版.

[47] 叶龙. 安全行为学[M]. 北京：清华大学出版社，2005，15-40.

[48] 余长生. 人的不安全行为危害性分析及预防[J]. 江西冶金 2007，(2)：45-48.

[49] 陈红，祁慧，谭慧. 中国煤矿重大瓦斯爆炸事故规律分析[J]. 中国矿业，2005，14(3)：64-72.

[50] 陈红，祁慧，谭慧. 中国煤矿重大瓦斯爆炸事故中的人因及度量[J]. 科技导报，2005，23(10)：41-44.

[51] Wagenaar W A. A model-based analysis of automation problems [A]. B Wilpert, T Qvale(Eds). Reliability and Safety in Hazardous Work Systems[C]. Hove，UK：Lawrence Erlbaum；1993：71-85.

[52] Simard M, Marchand A. The behaviour of first-line supervisors in accident prevention and

effectiveness in occupational safety. [J]. Safety science，1994，17(3)：169-185.

[53] 宋泽阳，任建伟，程红伟，等. 煤矿安全管理体系缺失和不安全行为研究[J]. 中国安全科学学报，2011，21(11)：128-135.

[54] 周刚，程卫民，诸葛福民，等. 人因失误与人不安全行为相关原理的分析与探讨[J]. 中国安全科学学报，2008，18(3)：10-14.

[55] 解东辉，刘志强. 煤矿战略性安全投资及决策模型[J]. 统计与决策，2007，2：33-34.

[56] Neal A，Griffin M A，Hart P M. The impact of organizational climate on safety climate and individual behavior[J]. Safety Science，2000，34(1/2/3)：99-109.

[57] Cavazza N，Serpe A. Effects of safety climate on safety norm violations：exploring the mediating role of attitudinal ambivalence toward personal perfective equipment [J]. Journal of Safety Research，2009，40(4)：277-283.

[58] 刘福潮，解建仓. 习惯"违章"及其治理的博弈分析[J]. 西安理工大学学报，2009，2：238-241.

[59] 张江石，傅贵，等. 安全认识与行为关系研究[J]. 湖南科技大学学报，2009，24(2)：15-19.

[60] 安宇. 矿工安全行为能力的试验与研究[J]. 中国安全科学学报，2011，21(8)：123-128.

[61] Hofmann D A，Stetzer A. A cross-level investigation of factors influencing unsafe behaviors and accidents[J]. Personnel Psychology，1996，49：307-339.

[62] Rundmo T，Hestad H，Ulleberg P. Organizational factors，safety attitudes and workload among offshore oil personnel[J]. Safety Science，1998，29(2)：75-87.

[63] Thanet Aksorn，Hadikusumo B H W. The unsafe acts and the decision-to-err factors of thai construction workers[J]. Journal of Construction in Developing Countries，2007，12(1)：1-25.

[64] Glendon A I，Mekenna E F. Human safety and risk management [M]. London，UK：Chapman & Hall，1995.

[65] 刘兴堂，梁炳成，等. 复杂系统建模理论、方法与技术[M]. 北京：科学出版社，2008.

[66] 宣慧玉，张发. 复杂系统仿真及应用[M]. 北京：清华大学出版社，2008.

[67] 赵业清，朱道飞，等. 基于 Petri 网和 Agent 的复杂适应系统建模[J]. 计算机工程，2011，37(15)：243-245.

[68] 李乃文，韩峥. 基于多主体建模的安全注意力衰减模型研究[J]. 中国安全科学学报，2012，22(12)：51-57.

[69] 程国建，颜宇甲，等. 基于多 Agent 的生态复杂适应系统建模和仿真[J]. 西安石油大学学报：自然科学版，2011，26(2)：99-103.

[70] 张莉，孙达，等. 基于复杂适应系统的组织学习过程研究[J]. 工业工程与管理，2011，16(3)：75-84.

[71] 赵春麟. 浅谈企业生产中不安全行为与事故的关系[J]. 现代企业教育，2009，(10)：105-106.

[72] 顾宏玲. 习惯性违章整治措施浅析[J]. 石油工业技术监督，2010，6：56-58.

[73] 王丹. 基于经济学视角的矿工习惯性违章行为治理分析[J]. 科技情报开发与经济，2009，19(28)：185-186.

[74] 张舒，史秀志. 安全心理与行为干预的研究[J]. 中国安全科学学报，2011，21(1)：23-31.

[75] 王宝宏. 习惯性违章行为导致事故的潜在性原因分析[J]. 工业安全与环保，2010，36(10)：63-64.

[76] 何滨. 习惯性违章人员的心理浅析及预防对策[J]. 电力安全技术，2002，(12)：21-22.

[77] 张运涛，杜晓，禹彬. 习惯性违章的成因与防范[J]. 电力安全技术，2004，(8)：43-44.

[78] 张爱红. 对施工作业过程中习惯性违章的思考[J]. 安全，2008，(8)：93-95.

[79] 郑继平. 用安全文化的力量改变习惯性违章的"习惯"[J]. 电力安全技术. 2008，10(12)：44-45.

[80] 时砚. 群体动力学在安全管理中违章行为矫正的应用[D]. 北京：北京交通大学，2008.

[81] 黄存旺. 采用危险点分析预控理论根治习惯性违章[J]. 矿山安全，2004，(10)：34-35.

[82] 杨培栋，孙健新. 有意违章行为与安全文化建设[J]. 科技情报开发与经济，2007，17(36)：302-304.

[83] 王桂山，王永刚. 违章行为影响因素的分析及控制措施研究[J]. 中国安全生产科学技术，2008，4(2)：114-117.

[84] 严翠香. 矿山违章行为的成因与治理[J]. 矿业快报，2001，(8)：2-3.

[85] 王其新. 有意违章行为心理分析[J]. 安全、健康和环境，2003，3(6)：13-14.

[86] Sulzer-Azaroff B, Austin J. Does BBS work? Behavior-based safety and injury reduction：A Survey of the evidence[J]. Professional Safety，2000，45(7)：19-24.

[87] Denise J F, Sulzer-Azaroff B. Increasing industrial safety practices and conditions through posted feedback [J]. Journalof Safety Research，1984，15(1)：7-21.

[88] McAfee R B，Winn A R. The use of incentives/feedback to enhance work place safety：Acritique of the literature [J]. Journal of Safety Research，1989，20(1)：7-19.

[89] Tomas J M，Melia J L，Oliver A. A cross-validation of a structural equation model of accidents：organizational and psychological variables as predictors of work safety [J]. Work and Stress，1999，13 (1)：49-58.

[90] Mohamed S. Safety climate in construction site environments [J]. Journal of Construction Engineering and Management，2002，128 (5)：375-384.

[91] Hickman J S，Geller E S. A safety self-management intervention for mining operations [J]. Journal of Safety Research，2003，34(3)：299-308.

[92] Zohar Dov，Luria Gil. The use of supervisory practices as leverage to improve safety behavior：Across-level intervention model [J]. Journal of Safety Research，2003，34(5)：567-577.

[93] Geller E S. Behavior-based safety and occupational risk management [J]. Behavior Modification，2005，29(3)：539-561.

[94] Metin Daǧdeviren，ihsan Yüksel. Developing a fuzzy analytic hierarchy process (AHP) model for behavior-based safety management [J]. Information Sciences，2008，178(6)：1717-1733.

[95] Hyland A，et al. Predictors of cessation in a cohort of current and former smokers followed over 13 years [J]. Tobacco Control，2004，6：363-369.

[96] 李乃文，马跃. 基于流程思想的矿工安全行为习惯塑造研究[J]. 中国安全科学学报，2010，20(3)：120-124.

[97] 杨东森，陶巍，等. 煤矿事故中的人因工程[J]. 煤，2007，9：56-57.

[98] 朱鸿武. 心理行为训练对潜艇艇员应激水平和SARS治疗一线医护工作者心理素质的影响[D]. 北京：中国人民解放军军医进修学院，2004.

[99] 谷力群，郭志峰. 团体心理行为训练对解决大学新生入学适应问题的实证研究[J]. 辽宁教育研

究，2008，(7)：126-128.

[100] 李乃文，冯冠. 浅析企业危机型战略管理[J]. 经济与管理，2005，19(5)：72-75.

[101] 牛玉龙，安金涛. 煤矿企业全面危机管理模式研究[J]. 科技咨询，2008，3：250.

[102] 顾宏玲，宋伟. 习惯性违章整治措施浅析[J]. 石油工业技术监督，2010，6：56-58.

[103] 王萍，王汉斌，白云杰. 煤矿人因瓦斯事故中不安全行为影响因素群及系统模型[J]. 生产力研究，2010，(4)：120123.

[104] 张舒，史秀志. 安全心理与行为干预的研究[J]. 中国安全科学学报，2011，21(1)：23-31.

[105] 叶龙. 安全行为学[M]. 北京：清华大学出版社，2005，192-260.

[106] Mc Sween T. The value-based safety process：Improving your safety with a behavioral approach. Second Edition [M]. New York，NY：John Wiley & Sons，Inc. 2004.

[107] 景国勋，段振伟，程磊. 瓦斯煤尘爆炸特性及传播规律研究进展[J]. 中国安全科学学报，2009，19(4)：67 -72.

[108] 李润求，施式亮，罗文柯. 煤矿瓦斯爆炸事故特征与耦合规律研究[J]. 中国安全科学学报，2010，20(2)：69 -74.

[109] 周心权，陈国新. 煤矿重大瓦斯爆炸事故致因的概率分析及启示[J]. 煤炭学报，2008，33(1)：42-46.

[110] 谭国庆，周心权，曹涛，等. 近年来我国重大和特别重大瓦斯爆炸事故的新特点[J]. 中国煤炭，2009，35(4)：7-9.

[111] 杨永辰，孟金锁，王同杰，等. 采煤工作面特大瓦斯爆炸事故原因分析[J]. 煤炭学报，2007，32(7)：734-736.

[112] 董连华，董汉鹏，韩志刚. 对芦岭煤矿一起瓦斯爆炸原因的再认识[J]. 煤矿安全，2008，39(11)：97-99.

[113] 李润求. 近 10 年我国煤矿瓦斯灾害事故规律研究[J]. 中国安全科学学报，2011，21(9)：143-151.

[114] 中国安全网. 事故通报[OL]. [2011-05-20]. http：/ /www. safety. com. cn/kuangshan/.

[115] 李贤功. 中国煤矿重大瓦斯事故致因复杂性机理及其管控研究[D]. 北京：中国矿业大学，2010.

[116] Cao L B. Behavior informatics：a new perspective[J]. Intelligent Systems IEEE，2014，29(4)：62-80.

[117] 陈红，祁慧，汪鸥，等. 中国煤矿重大事故中故意违章行为影响因素结构方程模型研究[J]. 系统工程理论与实践，2007，27(8)：127-136.

[118] 陈红，祁慧，谭慧. 基于特征源与环境特征的中国煤矿重大事故研究[J]. 中国安全科学学报，2005，15(9)：33-38.

[119] 牛莉霞，刘谋兴，李乃文，等. 基于 ABMS 的矿工习惯性违章行为演化仿真[J]. 中国安全科学学报，2015，25(11)：34-40.

[120] 李乃文，徐梦虹，牛莉霞. 基于 ISM 和 AHP 法的矿工习惯性违章行为影响因素研究[J]. 中国安全科学学报，2012，22(8)：22-2.

[121] Hofmann D A，Stetzer A. A cross-level investigation of factors influencing unsafe behaviors and accidents[J]. Personnel Psychology，1996，49(2)：307-339.

[122] Rundmo T，Hestad H，Ulleberg P. Organisational factors，safety attitudes and workload among

offshore oil personnel[J]. Safety Science, 1998, 29(2): 75-87.

[123] Rakesh Agrawal. Mining association rules between sets of items in large databases[J]. Acm Sigmod Record, 1999, 22(2): 207-216.

[124] Bernard Kamsufoguem, Fabien Rigal, Felix Mauget. Mining association rules for the quality improvement of the production process[J]. Expert Systems with Applications, 2013, 40(4): 1034-1045.

[125] Zaki Mohammed J. Scalable algorithms for association mining [J]. IEEE Transactions on Knowledge & Data Engineering, 2000, 12(3): 372-390.

[126] Wang C, Cao L B, Li J J, et al. Coupled nominal similarity in unsupervised learning[C]. ACM Conference on Information and Knowledge Management(CIKM 2011), 2011: 973-978.

[127] Cao L B. Non-IIDness learning in behavioral and social data[J]. Computer Journal, 2013, 57(9): 1358-1370.

[128] Cao L B, Ou Y M, Philip S Y. Coupled behavior analysis with applications [J]. IEEE Transactions on Knowledge & Data Engineering, 2012, 24(8): 1378-1392.

[129] 余永红, 陈兴国, 高阳. 一种基于耦合对象相似度的项目推荐算法[J]. 计算机科学, 2014, 41(2): 33-35.

[130] 郭梦娇, 孙劲光, 孟祥福. 基于耦合相似度的矩阵分解推荐方法[J]. 计算机科学, 2016, 43(4): 247-251.

[131] 王新平. 管理系统工程: 方法论及建模[M]. 北京: 机械工业出版社, 2011, 39-55.

[132] 陈明利, 宋守信, 李森. 多视角下个体不安全行为分析及演变研究[J]. 生产力研究, 2012, (5): 213-216.

[133] 李乃文, 牛莉霞, 马跃. 高危岗位矿工工作倦怠影响因素的结构方程模型[J]. 中国安全科学学报, 2012, 22(6): 27-33.

[134] 黄芳铭. 结构方程模式: 理论与应用[M]. 北京: 中国税务出版社, 2005, 91-263.

[135] 黄芳铭. 结构方程模式: 理论与应用[M]. 北京: 中国税务出版社, 2005, 109-293.

[136] 温忠麟, 侯杰泰, 张雷. 调节效应与中介效应的比较和应用[J]. 心理学报, 2005, 37(2): 268-274.

[137] 侯杰泰, 温忠麟, 成子娟. 结构方程模型及其应用[M]. 北京: 教育科学出版社, 2004, 159-161.

[138] Cacciabue P C. Modeling and simulation of human behavior for safety analysis and control of complex systems [J]. Safety science, 1998, (2): 97-110.

[139] 陈琦, 刘儒德. 当代教育心理学[M]. 北京: 北京师范大学出版社, 2006.

[140] 陈国权, 孙锐. 组织管理视角下的个体学习与行为改造研究[J]. 科学学与科学技术管理, 2013, 34(1): 123-134.

[141] 李太福, 冯国梁, 钟秉翔, 刘玉成. 一类不确定性复杂系统的控制策略分析[J]. 重庆大学学报: 自然科学版, 2003, (1): 4-7.

[142] Thomas S. The relationship between work setting and employee behaviour [J]. Journal of Organizational Change Management, 1994, 7(3): 22-43.

[143] Yukl G, Wall S, Lepsinger R. Preliminary report on validations of the managerial practices survey. In Clark K E. Clark M B. Eds. Measures of leadership [M]. West Orange, NJ:

Leadership Library of America，1989.

[144] 王新平. 管理系统工程：方法论及建模[M]. 北京：机械工业出版社，2011，39-75.

[145] 崔彩辉. 中原城市群的城市化进程及动力机制分析[D]. 郑州：河南大学，2005.

[146] 刘敏. 知识型企业组织惯性的维度构成[D]. 上海：东华大学，2011.

[147] 陈琦，刘儒德. 当代教育心理学[M]. 北京：北京师范大学出版社，2006.

[148] Lidewey E C，Van Der Sluis M，Poell R F. Career stage learning opportunities and learning behavior：A study among MBAs[J]. Management Learning，2002，33(3)：291-313.

[149] 岑国桢. 行为矫正的目标、方法与原则述略[J]. 心理科学，2001，24(3)：343-251.

[150] Stajkovic A D，Luthans F. Behavioral management and task performance in organizations：Conceptual background，meta-analysis，and test of alternative models［J］. Personnel Psychology，2003，(56)：155-194.

附录
矿工工作情况调查问卷

尊敬的矿工朋友：

您好！首先请原谅我打扰了您宝贵的工作或休息时间。

下面是一份学术调查问卷，请您根据自己近三个月的工作情况和健康状况，从本表各选项中选出最佳选择，答案无对错之分。您的回答将为今后国家改善矿工工作环境，提高矿工待遇等政策的制定提供指导和建议，请认真回答每一个问题。本表的信息，仅用于职业健康服务的目的。问卷无需署名，您填写的问卷不公开、不上报，绝对不会影响您的工作和生活。另外，如果您对本研究感兴趣，也可以直接与我们联系。

能了解您的真实想法，得到您的大力支持。我们十分感谢！

个 人 信 息

请填写您的基本情况，已给出备选答案的请在符合情况的数字上打上"√"。

年　　龄：＿＿＿＿岁　　　　从事本岗位的时间：＿＿＿年

月均收入：①1000～2000元　②2000～3000元　③3000元以上

婚姻状况：①已婚　②未婚　③离婚　如果已婚妻子工作：①有　②无

文化程度：①小学　②初中　③高中或中专　④高中以上　⑤其他

用工形式：①合同工　②轮换工　③固定工　④其他

工　　种：＿＿＿＿＿＿＿＿＿　　职　　务：①班组长　②工人

每天工作时间＿＿＿＿小时　　是否在矿上住宿：①是　②否

过去的一年有无事故记录：①没有　②一起　③两起　④三起或三起以上

过去的一年有无罚款记录：①没有　②一起　③两起　④三起或三起以上

对井下安全管理制度的认识：①对自己限制太严　②很多制度没有必要
③无所谓严与不严，都得遵守　④有自觉遵守的习惯

最近是否觉得工作有压力：①有　②没有

在工作中掌握的技能主要来自：
①技校学习的　②师傅教的　③自己学的　④上班后集中培训获得的

感觉工作要求超过了自己的胜任能力：①是　②否

自己如何看待违章行为?

0　　1　　2　　3　　4　　5　　6　　8　　9　　10

以下是对有关工作中感觉和态度的陈述，请标出以下每项陈述与您的实际情况的符合程度。1代表"非常不符合"，5代表"非常符合"，在符合情况的数字上打上"√"。

题号	问题	非常 不符合 1	不符合 2	基本 符合 3	比较 符合 4	非常 符合 5
1	有些自己控制不了的事,是命运、运气或者其他决定的	1	2	3	4	5
2	井下作业中的事故是可以预防和避免的	1	2	3	4	5
3	在井下作业中随时保持安全警觉很重要	1	2	3	4	5
4	如果一干活就先考虑安全,活就很难干完	1	2	3	4	5
5	只要遵守安全规章制度,事故是可以避免的	1	2	3	4	5
6	瓦斯事故不是高危岗位矿工可以避免的	1	2	3	4	5
7	我掌握了井下作业应有的知识技能	1	2	3	4	5
8	熟练的知识技能有助于我安全作业	1	2	3	4	5
9	在遇到突发情况时能熟练应对	1	2	3	4	5
10	只要决定的事,无论多难都会努力做好	1	2	3	4	5
11	下班前,能控制好情绪交好班,晚点下班也行	1	2	3	4	5
12	排队买票时,看到有人插队,易冲动	1	2	3	4	5

续表

题号	问题	非常 不符合 1	不符合 2	基本 符合 3	比较 符合 4	非常 符合 5
13	许多做法操作规程不允许,但做了也没有事	1	2	3	4	5
14	没有安全人员监督我也会自觉做到安全生产作业	1	2	3	4	5
15	省略作业操作程序既省时又省力	1	2	3	4	5
16	当有人违章操作时,不管是谁,都会指出他的错误	1	2	3	4	5
17	经常倒班,生活不规律	1	2	3	4	5
18	早晨起床不得不面对一天的工作时,感觉非常累	1	2	3	4	5
19	生活中常常感到很疲劳	1	2	3	4	5
20	很多作业程序都让人难以接受	1	2	3	4	5
21	活多人少,严格按照作业规程很难完成任务	1	2	3	4	5
22	领导要求按照他说的流程和规程去做	1	2	3	4	5
23	井下高温环境很容易让我烦躁	1	2	3	4	5
24	井下嘈杂的环境让我感觉大脑混乱,意识不清	1	2	3	4	5
25	改善物理环境有助于我们的作业进度和效率	1	2	3	4	5
26	井下的安全设施和劳动防护用品落后和不足	1	2	3	4	5
27	安全防护用具很麻烦,懒得用	1	2	3	4	5
28	我的安全防护用具都会定期进行更换	1	2	3	4	5
29	井下只要存在安全隐患,领导就会及时排查和解决	1	2	3	4	5

续表

题号	问题	非常 不符合 1	不符合 2	基本 符合 3	比较 符合 4	非常 符合 5
30	干部只问结果,不管实际情况,强迫工人干活	1	2	3	4	5
31	企业工会经常帮助我们解决家庭困难问题	1	2	3	4	5
32	企业的合理的安全行为规范对我的影响和约束作用很大	1	2	3	4	5
33	我所在的企业做出安全决策时,都会考虑我们员工的利益	1	2	3	4	5
34	管理者的安全意识影响我的安全意识	1	2	3	4	5
35	在例行会议里,安全问题每次都被谈到	1	2	3	4	5
36	班组里的每位员工对安全都负有极大的责任	1	2	3	4	5
37	如果某人违章操作,班组其他人都会对他进行批评和指正	1	2	3	4	5
38	班组每周都会评选出优秀安全绩效的榜样	1	2	3	4	5
39	班组定期给我们开展安全培训	1	2	3	4	5
40	总能感觉到单位上层领导对安全的重视	1	2	3	4	5
41	基层管理者能够严格执行安全管理制度	1	2	3	4	5
42	发现安全隐患时,管理者会迅速采取解决措施	1	2	3	4	5
43	接受安全教育与培训,对我的安全意识有很大影响	1	2	3	4	5
44	培训讲授的知识技能很容易忘记	1	2	3	4	5
45	模拟演练培训对我的安全意识有很大影响	1	2	3	4	5
46	参不参加培训对我工作没有太大影响	1	2	3	4	5
47	安全教育培训对员工的安全工作能力影响很大	1	2	3	4	5

续表

题号	问题	非常 不符合 1	不符合 2	基本 符合 3	比较 符合 4	非常 符合 5
48	井下作业技术大多是师傅教给我的	1	2	3	4	5
49	老矿工经验丰富,工作中向老矿工请教经验就可以了	1	2	3	4	5
50	其他高危岗位矿工就是这么做的	1	2	3	4	5